ZUR BERECHNUNG STATISCH UNBESTIMMTER SYSTEME

DAS B=U VERFAHREN

VON

W. L. ANDRÉE

MIT 348 ABBILDUNGEN IM TEXT

MÜNCHEN UND BERLIN 1919
DRUCK UND VERLAG VON R. OLDENBOURG

Vorwort.

Das in diesem Buche behandelte Verfahren der Belastungsumordnung, kurz das B-U Verfahren genannt, wurde, wenn auch
nur innerhalb engerer Grenzen, schon von anderer Seite mit Erfolg
zur Anwendung gebracht. Besondere Aufmerksamkeit verdienen
hierbei die in der Fußnote angegebenen Veröffentlichungen[1,2,3].
Ich selbst habe mich seit langem mit dem Gegenstand befaßt und das
Verfahren in meinen Schriften[4,5], in einer derselben[6] ziemlich
umfassend, praktisch nutzbar gemacht. Es handelt sich nicht etwa
um eine neue oder besondere Theorie, sondern nur um einen Kunst-
griff, der jedoch mehr als wert ist, angeeignet und verwendet zu
werden. Das Verfahren stellt ein außerordentlich vereinfachendes
Hilfsmittel bei der Berechnung statisch unbestimmter Systeme dar.
Seine Fruchtbarkeit tritt besonders bei Aufgaben von hoher statischer
Unbestimmtheit zutage. Es lassen sich Beispiele anführen, bei welchen
eine Lösung auf dem üblichen Wege nur unter ungeheurer Mühe
herbeigeführt werden kann, wo jedoch das B-U Verfahren mit spie-
lender Leichtigkeit zum Ziele führt. Außerdem hat das Verfahren
den Vorteil, ungemein durchsichtig zu sein; es durchleuchtet die statischen Vorgänge oft in überraschender Weise und gibt Aufschluß
über Wirkungen, die auf anderem Wege nicht selten vollständig
verborgen bleiben. Ein weiterer Vorteil besteht darin, daß bei der

---

[1] Leopold Herzka, „Der dreifeldrige Rahmen". „Der Eisenbau" 1915,
Heft 2.

[2] Leopold Herzka, „Der zweistielige Dreifelderträger". Zeitschrift für
Betonbau 1915, Heft 12.

[3] Leopold Herzka, „Die Berechnung von Stockwerksrahmen". Zeitschrift
für Betonbau 1916, Heft 7—10.

[4] „Die Statik des Kranbaues", 2. Auflage, 1913, Verlag R. Oldenbourg,
München.

[5] „Die Statik der Schwerlastkrane", 1919, Verlag R. Oldenbourg, München.

[6] „Die Statik des Eisenbaues", 1914—1917, Verlag R. Oldenbourg, München.

Einfachheit und Klarheit des Berechnungsganges Fehler so gut wie ausgeschlossen sind, während man sonst, besonders bei hochgradiger Unbestimmtheit, der Gefahr, Fehler zu begehen, ständig ausgesetzt ist. Das Verfahren kann analytisch wie auch zeichnerisch im Rahmen von Einflußlinien durchgeführt werden. Einschränkend für seine Anwendbarkeit ist nur die Voraussetzung, daß es sich um symmetrisch ausgebildete Tragwerke handelt. Aber Systeme anderer Art kommen in der Praxis nur selten vor, so daß man Gelegenheit hat, das Verfahren fast täglich zur Anwendung zu bringen. Immerhin läßt sich das Verfahren näherungsweise auch bei unsymmetrischen Konstruktionen benutzen; es bedarf dann nur einer geschickten Hand, um Gegensätzlichkeiten irgendwelcher Art entsprechend auszugleichen.

Es schien geboten, das Verfahren einem möglichst großen Kreise von Fachgenossen bekanntzugeben. Ich habe mich daher entschlossen, den Gegenstand erschöpfend in einer besonderen Schrift zur Darstellung zu bringen und übergebe hiermit das Buch der Fachwelt mit dem Wunsche, es möge seinen Zweck, die Arbeit des rechnenden Ingenieurs beträchtlich zu erleichtern, erfüllen.

Cöln, Januar 1919.

W. L. Andrée.

Inhaltsübersicht.

VI

Zweiter Abschnitt.
Anwendung des Verfahrens bei Einflußlinien
(bewegliche Belastung).

Erster Abschnitt.

Anwendung des Verfahrens bei analytischer Behandlung der Aufgaben.

Beispiel 1. Ein rechteckiger, an acht Stellen gestützter Rahmen nach Abbildung 1.

Diese vielfach statisch unbestimmte Aufgabe wurde einführend gewählt, um die große Vorteilhaftigkeit des B-U Verfahrens gleich ganz besonders ins Auge treten zu lassen.

Nimmt man alle Auflager wagerecht beweglich an, dann hat man es mit einer siebenfach statisch unbestimmten Aufgabe zu tun. Denkt man dagegen alle Auflager fest, dann tritt noch eine achte unbestimmte Größe hinzu.

Es sei von vornherein darauf hingewiesen, daß bei Rahmen aus vollwandigen Querschnitten die statisch unbestimmten Größen im allgemeinen nur verschwindend gering von der Formänderung aus den Normal- und Querkräften beeinflußt werden; maßgebend sind fast immer die Formänderungen durch Biegungsmomente, weshalb in der Folge die fraglichen Größen stets nur aus dieser Ursache heraus hergeleitet werden sollen.

Der vorliegende Rahmen bestehe aus vollwandigen Stabzügen. Die vorausgesetzte Symmetrie der Konstruktion bedingt, daß die Querschnitte eben auch in symmetrisch gegenüberliegenden Feldern einander gleich sind. Der Rahmen werde nach Abb. 1 durch eine einseitige Last P in Anspruch genommen.

Ein Versuch, die Aufgabe in der üblichen Weise zu lösen — Aufstellung von sieben bzw. acht Elastizitätsgleichungen mit ebensoviel Unbekannten — zeigt schon gleich in den Anfängen, daß dieser Weg wegen der ungeheuren Mühen praktisch kaum gegangen werden kann. Als statisch unbestimmte Größen hätte man: Ein Moment, eine Querkraft und eine Normalkraft in irgendeinem Querschnitt des Rahmens, ferner vier bzw. fünf Auflagerkräfte.

Wir ordnen nun die Belastung durch P um in die vier Teilbelastungen I, II, III und IV der Abb. 2, 3, 4 und 5. Die einzelnen Belastungszustände zusammengelegt ergeben wieder die Ursprungs-

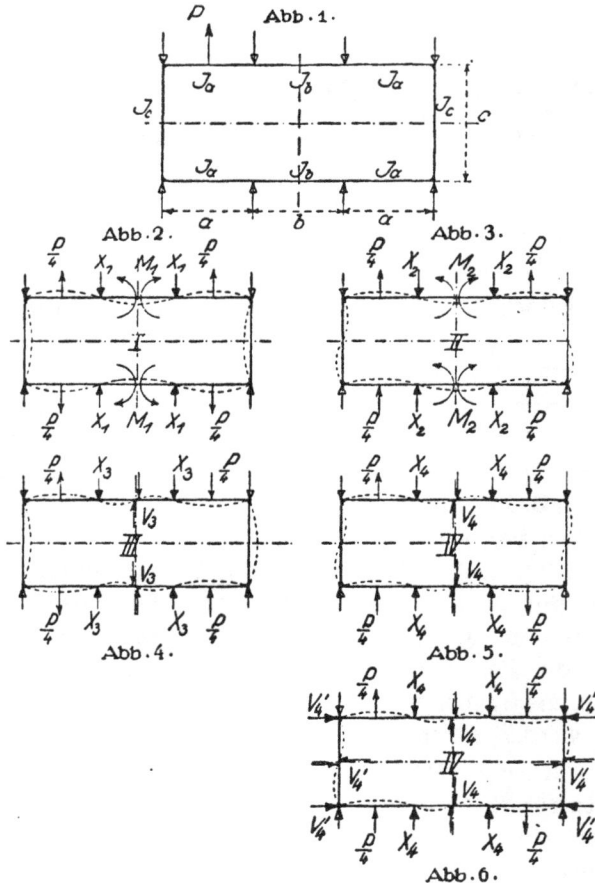

Abb. 1.

Abb. 2.　Abb. 3.

Abb. 4.　Abb. 5.

Abb. 6.

belastung P. Hieraus folgt, daß man jede Teilbelastung für sich behandeln und die Einzelergebnisse nachher zusammenwerfen kann. Es kommt nur darauf an, die Teilbelastungen so vorzunehmen, daß eine möglichst große Vereinfachung der Berechnung erzielt wird. Das ist mit der vorliegenden Aufgabe geschehen. Bei jeder der Teilbelastungen erscheinen jedesmal nur zwei statisch unbestimmte

Größen, bei einer sogar nur eine einzige. Der Erfolg des Verfahrens ist also der, daß die sieben- bzw. achtfach statisch unbestimmte Aufgabe in vier Einzelrechnungen von je zweifacher bzw. einfacher statischer Unbestimmtheit aufgelöst worden ist. Ein weiterer großer Vorteil des Verfahrens besteht darin, daß die Ermittlungen sich jedesmal nur über ein einziges Viertel des Rahmens erstrecken.

Teilbelastung I: Unbekannt das Moment M_1 und die Auflagerkraft X_1.

Teilbelastung II: Unbekannt das Moment M_2 und die Auflagerkraft X_2.

Teilbelastung III: Unbekannt die Querkraft V_3 und die Auflagerkraft X_3.

Teilbelastung IV: Unbekannt die Auflagerkraft X_4.

Die Querkraft V_4 bei diesem Belastungszustand ist statisch bestimmt.

Nimmt man feste Lagerstellen an, so hat man bei der Teilbelastung IV noch eine weitere statisch unbestimmte Größe, und zwar die wagerecht gerichtete Auflagerkraft V_4'. Siehe Abb. 6. Diese Feststellung ist bemerkenswert. Das Vorhandensein einer solchen wagerechten Reaktion tritt auf dem üblichen Berechnungswege nicht so ohne weiteres zutage.

In den Abb. 2 bis 6 sind in punktierten Strichen die ungefähren Biegungslinien des Rahmens bei jedem Belastungszustand zur Darstellung gebracht. Ihr Verlauf läßt sich aus der Überlegung heraus leicht entwickeln. Es empfiehlt sich, die Linien stets aufzuzeichnen, denn sie lassen schnell erkennen, von welchem Grade die statische Unbestimmtheit eines Belastungszustandes ist. Sie geben uns ferner leicht Aufschluß über die Frage, welche unbekannten Größen und an welchen Stellen angreifend man am besten in die Rechnung einführt.

Man führt, wie schon erwähnt, die Berechnung jeder Teilbelastung vollständig selbständig durch und setzt alle vier Ergebnisse nachher zusammen. Hierbei macht sich dann auch der oben bereits hervorgehobene Vorteil ganz besonders bemerkbar, daß bei jeder Teilbelastung die Ermittlung der Momente, Normal- und Querkräfte sich immer nur über ein einziges Rahmenviertel erstreckt. Die Werte sind bei den übrigen Rahmenvierteln stets dieselben, nur erscheinen sie dort je nach dem Belastungsfall in symmetrischer oder umgekehrt symmetrischer Anordnung.

Mit Vorstehendem mögen die Betrachtungen über diesen nicht ganz einfachen Fall vorläufig abgeschlossen werden. Es erscheint geboten, unser Verfahren zunächst an einfacheren Aufgaben zur Anwendung zu bringen und dann nach und nach zu schwierigeren Beispielen überzugehen.

Beispiel 2. Ein durchlaufender Balken auf drei Stützen nach Abbildung 7.

Das Trägheitsmoment ist unveränderlich. Belastung einseitig durch P. Die Aufgabe ist einfach statisch unbestimmt.

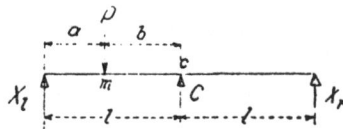

Abb. 7.

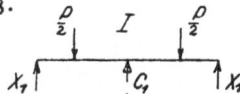

Abb. 8.

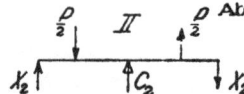

Abb. 9.

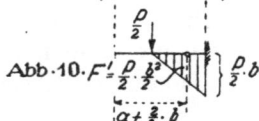

Abb. 10.

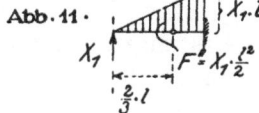

Abb. 11.

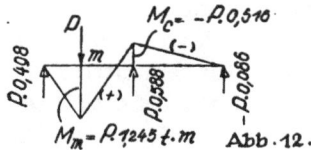

Abb. 12.

Wir ordnen die Belastung durch P um in die beiden Teilbelastungen I und II. Abb. 8 und 9. Die Teilbelastung I ist einfach statisch unbestimmt. Als zu suchende Größe führen wir den äußeren Auflagerdruck X_1 ein. Die Ermittlungen erstrecken sich nur über eine Trägerhälfte. Die Teilbelastung II ist statisch bestimmbar.

Teilbelastung I. Wir ermitteln den Auflagerdruck X_1 mit Zuhilfenahme der elastischen Verschiebungen des Balkenendpunktes. Und zwar auf Grund der Bedingung, daß die Verschiebung des Punktes infolge der Last $\frac{P}{2}$ ebenso groß ist wie die Verschiebung infolge des Stützendruckes X_1. Mit anderen Worten: Die Summe der Verschiebungen des Balkenendpunktes muß gleich Null sein.

Die Berechnung der Verschiebungen kann in einfacher Weise mit Hilfe des Mohrschen Satzes vom zweiten Moment erfolgen. Danach ergibt sich die Verschiebung, wenn man die Momentenfläche aus der Belastung multipliziert mit ihrem Schwerpunktsabstand gemessen lotrecht zur Verschiebung. Das Produkt ist zu dividieren durch $J \cdot E$.

In den Abb. 10 und 11 sind die Momentenflächen infolge der Belastung durch $\dfrac{P}{2}$ und durch X_1 zur Darstellung gebracht. Die Flächen betragen

$$F' = \frac{P}{2} \cdot \frac{b^2}{2}$$

und

$$F'' = X_1 \cdot \frac{l^2}{2}.$$

Ihre Schwerpunktsabstände sind $a + \dfrac{2}{3} \cdot b$ und $\dfrac{2}{3} \cdot l$.

Es muß sein

$$\delta' - \delta'' = 0.$$

Oder

$$\frac{P}{2} \cdot \frac{b^2}{2} \left(a + \frac{2}{3} \cdot b \right) - X_1 \cdot \frac{l^2}{2} \cdot \frac{2}{3} \cdot l = 0$$

$J \cdot E = 1$ gesetzt.

Hieraus ergibt sich die unbekannte Größe zu

$$X_1 = \frac{P}{2} \cdot \frac{b^2}{2 \cdot l^3} \, (3 \cdot a + 2 \cdot b).$$

Teilbelastung II. Infolge der umgekehrten symmetrischen Belastung kommt an der Mittelstütze kein Auflagerdruck zustande. Die Reaktion der Außenstütze ermittelt sich einfach aus den Momenten der Kräftepaare:

$$X_2 \cdot 2 \cdot l = \frac{P}{2} \cdot 2 \cdot b.$$

Hieraus

$$X_2 = \frac{P}{2} \cdot \frac{b}{l}.$$

Die Aufgabe kann hiermit als gelöst angesehen werden.

Die tatsächlichen Auflagerdrucke nach Abb. 7 betragen

$$X_l = X_1 + X_2$$

und

$$X_r = X_1 - X_2.$$

Ferner

$$C = C_1 = P - 2 \cdot X_1.$$

Es mögen einmal folgende Zahlen angenommen werden:

$$a = 2,5 \text{ m}, \quad b = 3,5 \text{ m}, \quad l = 6,0 \text{ m}.$$

Man erhält dann

$$X_1 = P \cdot 0,206,$$
$$X_2 = \pm P \cdot 0,292.$$

Somit

$$X_l = P \cdot 0,206 + P \cdot 0,292 = P \cdot 0,498$$

und

$$X_r = P \cdot 0,206 - P \cdot 0,292 = - P \cdot 0,086.$$

Ferner

$$C = P - 2 \cdot P \cdot 0,206 = P \cdot 0,588.$$

Bei Aufstellung der Momente geht man ebenfalls getrennt vor, indem man die Momente bei den Teilbelastungen ermittelt und die Ergebnisse nachher vereinigt. Man erhält schließlich

$$M_m = P \cdot 1,245 \, t \cdot m$$

und

$$M_c = - P \cdot 0,516 \, t \cdot m.$$

In der Abb. 12 sind die Auflagerdrucke und die Momente übersichtlich eingetragen.

Selbstverständlich ist das Verfahren nicht an eine einzige Einzellast gebunden. Die nächsten Beispiele zeigen seine Anwendung auch bei mehreren Lasten und bei teilweise gleichmäßiger Belastung.

Beispiel 3. Ein durchgehender Balken auf drei Stützen mit zwei einseitig angreifenden Lasten nach Abbildung 13.

In den Abb. 14 und 15 sind die beiden Teilbelastungen I und II angegeben. Die weitere Untersuchung erfolgt in ganz ähnlicher Weise wie beim vorhergehenden Beispiel.

Beispiel 4. Ein durchgehender Balken auf drei Stützen mit einer einseitigen gleichförmigen Belastung nach Abbildung 16.

Die beiden Teilbelastungen I und II sind in den Abb. 17 und 18 veranschaulicht. Teilbelastung I ist einfach statisch unbestimmt, Teilbelastung II jedoch ohne weiteres bestimmbar.

Teilbelastung I. Wir führen als unbekannte Größe wieder den äußeren Stützendruck ein und berechnen ihn wie oben auf Grund der elastischen Verschiebungen des Balkenendpunktes. Es ist auch hier die Bedingung gültig, daß die Summe der Verschiebungen gleich Null sein muß. Die Verschiebungen mögen wie früher mit Hilfe des

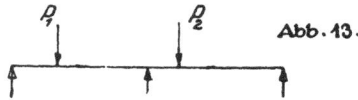

Abb. 13.

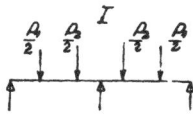

Abb. 14.

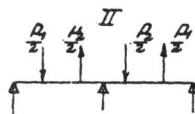

Abb. 15.

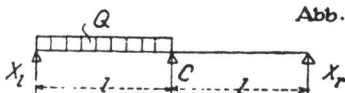

Abb. 16.

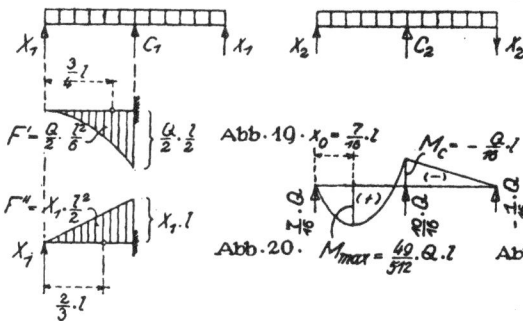

Satzes vom zweiten Moment ermittelt werden. Die Momentenflächen einmal aus der Belastung durch $\frac{Q}{2}$ und dann aus der Belastung durch X_1 sind in den Abb. 19 und 20 zur Darstellung gebracht. Die Abbildungen enthalten auch die Schwerpunktsabstände der Flächen in bezug auf den Balkenendpunkt.

Es muß also sein

$$\delta' - \delta'' = 0$$

oder

$$\frac{Q}{2} \cdot \frac{l^2}{6} \cdot \frac{3}{4} l - X_1 \cdot \frac{l^3}{3} = 0.$$

Hieraus

$$X_1 = \frac{3}{8} \cdot \frac{Q}{2}.$$

Teilbelastung II. Der Mittelstützendruck ist wieder gleich Null. Man hat daher die einfache Momentengleichung

$$X_2 \cdot 2 \cdot l = \frac{Q}{2} \cdot l.$$

Und erhält

$$X_2 = \frac{1}{2} \cdot \frac{Q}{2}.$$

Hiermit kann die Aufgabe als gelöst betrachtet werden. Die tatsächlichen Auflagerdrucke nach Abb. 16 betragen

$$X_l = X_1 + X_2 = \frac{3}{8} \cdot \frac{Q}{2} + \frac{1}{2} \cdot \frac{Q}{2} = \frac{7}{16} \cdot Q$$

$$X_r = X_1 - X_2 = \frac{3}{8} \cdot \frac{Q}{2} - \frac{1}{2} \cdot \frac{Q}{2} = -\frac{1}{16} \cdot Q$$

$$C = C_1 = Q - 2 \cdot X_1 = Q - \frac{6}{8} \cdot \frac{Q}{2} = \frac{10}{16} \cdot Q.$$

Hiernach macht es keine Schwierigkeit mehr, die Momente aufzustellen. Das Moment für eine Stelle im Abstande x vom linken Auflager hat den Wert

$$M_x = \frac{Q}{l} \cdot \frac{x^2}{2} - \frac{7}{16} \cdot Q \cdot x = Q \cdot \frac{x}{2}\left(\frac{x}{l} - \frac{7}{8}\right).$$

Das Maximalmoment tritt für $x_0 = \frac{7}{16} \cdot l$ ein.

$$M_{max} = \frac{49}{512} \cdot Q \cdot l.$$

Über der Mittelstütze hat man

$$M_c = -\frac{Q}{16} \cdot l.$$

In der Abb. 21 sind die Momente über den ganzen Balken aufgetragen.

Beispiel 5. Ein durchgehender Balken auf drei Stützen mit einer schräg verlaufenden Belastung nach Abbildung 22.

Die Aufgabe ist einfach statisch unbestimmt. Ihre Lösung in der üblichen Weise würde ziemlich umständlich sein.

Wir ordnen nun die Belastung um in die beiden Teilbelastungen I und II, Abb. 23 und 24. Teilbelastung I ist einfach statisch unbestimmt, während man in der Teilbelastung II mit einer statisch bestimmten Aufgabe zu tun hat.

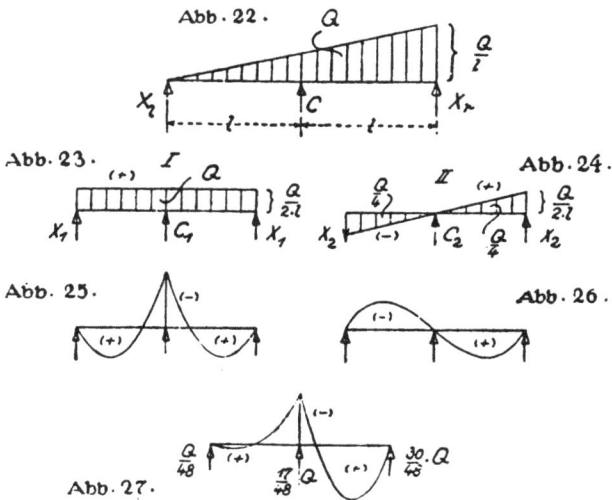

Abb. 22.

Abb. 23. Abb. 24.

Abb. 25. Abb. 26.

Abb. 27.

Teilbelastung I. Wir nehmen als statisch Unbestimmte den äußeren Auflagerdruck an. Die Größe wurde beim vorhergehenden Beispiel (Teilbelastung I) bereits ermittelt. Sie beträgt auch hier

$$X_1 = \frac{3}{8} \cdot \frac{Q}{2} = \frac{3 \cdot Q}{16}.$$

Teilbelastung II. Der Auflagerdruck in der Mitte ist Null. Infolgedessen berechnen sich die Endstützendrucke einfach aus der Momentengleichung

$$\frac{Q}{4} \cdot \frac{2}{3} \cdot l \cdot 2 = X_2 \cdot 2 \cdot l$$

zu

$$X_2 = \frac{1}{3} \cdot \frac{Q}{2} = \frac{Q}{6}.$$

Hiermit ist die Aufgabe gelöst. Man erhält folgende tatsächliche Stützendrucke:

$$X_l = X_1 - X_2 = \frac{3 \cdot Q}{16} - \frac{Q}{6} = \frac{Q}{48},$$

und

$$X_r = X_1 + X_2 = \frac{3 \cdot Q}{16} + \frac{Q}{6} = \frac{17}{48} \cdot Q.$$

Ferner

$$C = C_1 = Q - 2 \cdot X_1 = Q - \frac{6}{16} \cdot Q = \frac{5}{8} \cdot Q.$$

Es können nunmehr leicht die Momente an dem Balken aufgestellt werden. Man ermittelt dabei zweckmäßig die Momente bei jeder Teilbelastung und setzt die Ergebnisse nachher zusammen.

Teilbelastung I. Das Moment im Abstande x vom Balkenende ist

$$M_x = \frac{3 \cdot Q}{16} \cdot x - \frac{Q}{2 \cdot l} \cdot \frac{x^2}{2} = \frac{Q \cdot x}{4} \left(\frac{3}{4} - \frac{x}{l} \right).$$

Die Momente sind in der Abb. 25 aufgetragen.

Teilbelastung II. Das Moment im Abstande x von der Mittelstütze beträgt

$$M_x = \frac{Q}{12} \cdot x - \frac{Q \cdot x}{2 \cdot l^2} \cdot \frac{x}{2} \cdot \frac{x}{3} = \frac{Q \cdot x}{12} \left(1 - \frac{x^2}{l^2} \right).$$

Auch diese Momente sind zeichnerisch dargestellt. Abb. 26.

Nach Vereinigung beider Linienzüge erhält man schließlich die in der Abb. 27 aufgetragenen tatsächlichen Momente des Balkens. Die Abbildung enthält auch die wahren Stützendrucke.

Beispiel 6. Ein beiderseitig eingespannter Balken nach Abbildung 28, belastet einseitig durch P.

Die Aufgabe ist zweifach statisch unbestimmt. Ihre Lösung erfordert nach dem üblichen Verfahren, indem man zwei Elastizitätsgleichungen mit zwei Unbekannten aufstellt, einen erheblichen Aufwand an Zeit und Mühe.

Wir ordnen nun die Belastung durch P um in die beiden Teilbelastungen Abb. 29 und 30. Bei der Teilbelastung I hat man ein unbekanntes Moment M, bei der Teilbelastung II tritt eine Querkraft V in der Stabmitte auf. Der Erfolg der Belastungsumordnung ist also der, daß die beiden statisch unbestimmten Größen unabhängig voneinander geworden sind. Hinzu tritt der Vorteil, daß die Ermittelungen sich jedesmal nur über eine Trägerhälfte erstrecken.

Teilbelastung I. Wir ermitteln die Größe M auf Grund der Bedingung, daß die Summe der Verdrehungen in der Stabmitte, hervorgerufen durch die Inanspruchnahme durch $\frac{P}{2}$ und M, zu Null führen muß. Die Verdrehungen ergeben sich mit dem Inhalt der

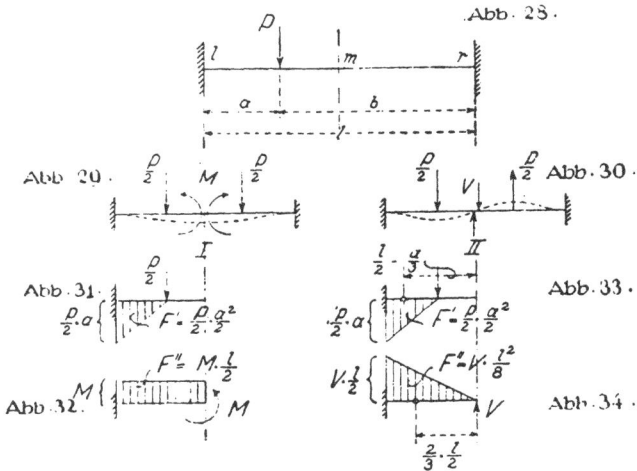

Momentenflächen dividiert durch $J \cdot E$. In den Abb. 31 und 32 sind die Momentenflächen infolge der Belastung durch $\frac{P}{2}$ und durch M vor Augen geführt. Es muß also sein

$$\frac{P}{2} \cdot \frac{a^2}{2} - M \cdot \frac{l}{2} = 0 \qquad J \cdot E = 1.$$

Hieraus die gesuchte Größe

$$M = \frac{P}{2} \cdot \frac{a^2}{l}.$$

Teilbelastung II. Für die Berechnung der unbekannten Querkraft V ist die Bedingung maßgebend, daß die Summe der Verschiebungen des Angriffspunktes von V infolge der Belastung $\frac{P}{2}$ und V gleich Null sein muß. Die Verschiebungen ermitteln sich wieder leicht mit Hilfe des Satzes vom zweiten Moment. In den Abb. 33 und 34 sind die Flächen der fraglichen Momente eingetragen, ebenso ihre Schwerpunktabstände. Wir schreiben also an

$$\frac{P}{2} \cdot \frac{a^2}{2} \left(\frac{l}{2} - \frac{a}{3} \right) - V \cdot \frac{l^2}{8} \cdot \frac{2}{3} \cdot \frac{l}{2} = 0 \qquad\qquad J \cdot E = 1.$$

Hieraus

$$V = \frac{P}{2} \cdot \frac{2 \cdot a^2}{l^3} (3 \cdot l - 2 \cdot a).$$

Hiermit dürfte die Aufgabe als gelöst angesehen werden.

Die Momente an dem Balken betragen:

Einspannmoment links

$$M_l = M + V \cdot \frac{l}{2} - P \cdot a$$

$$= \frac{P}{2} \cdot \frac{a^2}{l} + \frac{P}{2} \cdot \frac{2 \cdot a^2}{l^3} (3 \cdot l - 2 \cdot a) \cdot \frac{l}{2} - P \cdot a$$

$$= - P \cdot \frac{a \cdot b^2}{l^2}.$$

Einspannmoment rechts

$$M_r = M - V \cdot \frac{l}{2}$$

$$= \frac{P}{2} \cdot \frac{a^2}{l} - \frac{P}{2} \cdot \frac{2 \cdot a^2}{l^3} (3 \cdot l - 2 \cdot a) \cdot \frac{l}{2}$$

$$= - P \cdot \frac{a^2 \cdot b}{l^2}.$$

Moment unter der Last

$$M_a = M + V \left(\frac{l}{2} - a \right)$$

$$= \frac{P}{2} \cdot \frac{a^2}{l} + \frac{P}{2} \cdot \frac{2 \cdot a^2}{l^3} (3 \cdot l - 2 \cdot a) \left(\frac{l}{2} - a \right)$$

$$= + 2 \cdot P \cdot \frac{a^2 \cdot b^2}{l^3}.$$

Ferner hat man die Auflagerdrucke

$$A_l = \frac{P}{2} + \frac{P}{2} - V$$

$$= P - P \cdot \frac{a^2}{l^3}(3 \cdot l - 2 \cdot a)$$

$$= P\left\{1 - \frac{a^2}{l^3}(3 \cdot l - 2 \cdot a)\right\}$$

und

$$A_r = \frac{P}{2} - \frac{P}{2} + V$$

$$= P\left\{\frac{a^2}{l^3}(3 \cdot l - 2 \cdot a)\right\}.$$

Beispiel 7. Ein durchgehender Balken auf vier Stützen nach Abbildung 35, belastet einseitig durch P.

Die Aufgabe ist zweifach statisch unbestimmt.

Wir führen die Berechnung auf Grund der beiden Teilbelastungen I und II (Abb. 36 und 37) durch. Bei der Teilbelastung I erscheint als unbekannte Größe die Reaktion X_1 an der Endstütze. Ebenso haben wir bei der Teilbelastung II eine einzige statisch unbestimmte Größe, und zwar auch den Endauflagerdruck. In beiden Fällen erstrecken sich die Ermittlungen nur über den halben Träger. Nach Berechnung der fraglichen Größen hat man folgende tatsächliche Auflagerkräfte

$$X_l = X_1 + X_2$$

und

$$X_r = X_1 - X_2.$$

Ebenso ergeben sich die Mittelstützendrucke einfach durch sinngemäße Addition der Stützendrucke bei den Teilbelastungen.

Die Berechnung der Momente des Balkens erfolgt am zweckmäßigsten, indem man die Momente bei den Teilbelastungen ermittelt und die Ergebnisse sinngemäß zusammensetzt.

Beispiel 8. Derselbe Balken, nur durch drei Lasten einseitig in Anspruch genommen. Abb. 38.

Die für diesen Fall aufzustellenden Teilbelastungen sind in den Abb. 39 und 40 zur Darstellung gebracht. Es handelt sich einfach nur um eine Wiederholung des an einer einzigen Einzellast geübten

Verfahrens. Im übrigen ist die Aufgabe dieselbe wie vorher. Bei der Teilbelastung I unbekannt X_1, bei der Teilbelastung II unbekannt X_2. Die Ermittlungen erstrecken sich immer nur über eine Trägerhälfte. Man erhält als tatsächliche Auflagerdrucke wieder

$$X_l = X_1 + X_2$$

und

$$X_r = X_1 - X_2.$$

Abb. 35.

Abb. 36.   I   II   Abb. 37.

Abb. 38.

Abb. 39   I   II   Abb. 40.

Abb. 41.

Abb. 42.   I   II   Abb. 43.

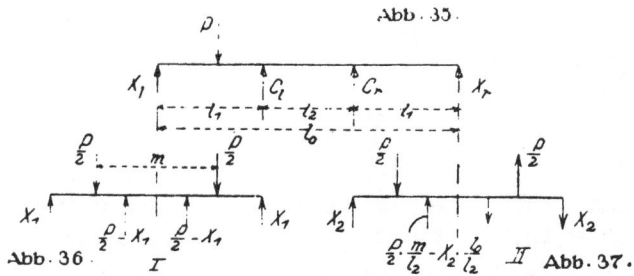

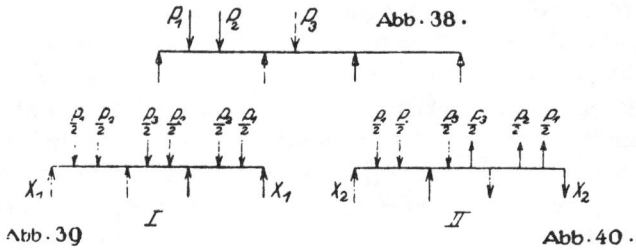

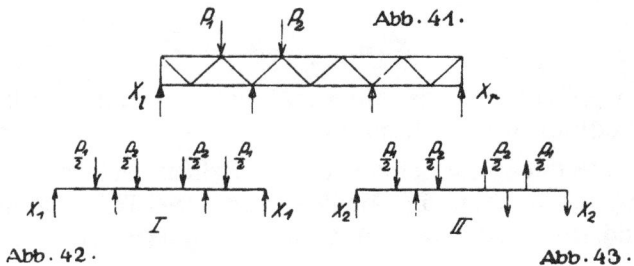

Alles weitere wurde beim vorhergehenden Beispiel angedeutet.

Man kann bei dieser wie bei der anderen Aufgabe die statisch unbestimmten Größen leicht auf Grund der elastischen Verschiebungen mit Zuhilfenahme des Satzes vom zweiten Momente ermitteln. Die Lösung gelingt aber auch leicht nach den bekannten Bedingungsgleichungen

$$\int \frac{M_x}{J \cdot E} \cdot \frac{\partial M_x}{\partial X_1} \cdot d\,x = 0 \quad \text{und} \quad \int \frac{M_x}{J \cdot E} \cdot \frac{\partial M_x}{\partial X_2} \cdot d\,x = 0.$$

Beispiel 9. Ein Träger aus Fachwerk auf vier Stützen nach Abbildung 41.

Die Aufgabe wurde hier eingefügt, um darauf hinzuweisen, daß unser Verfahren auch bei Fachwerkkonstruktionen mit gleichem Erfolge zur Anwendung gebracht werden kann. Die bewußten Teilbelastungen I und II sind in den Abb. 42 und 43 angegeben. Teilbelastung I unbekannt X_1, Teilbelastung II unbekannt X_2. Tatsächliche Auflagerdrucke wie immer

$$X_l = X_1 + X_2 \qquad X_r = X_1 - X_2.$$

Die Ermittlungen erstrecken sich jedesmal nur über eine Trägerhälfte.

Für die Berechnung der unbekannten Größe bei jeder Teilbelastung steht die bekannte Arbeitsgleichung

$$\sum \frac{S_0 \cdot S_1 \cdot s}{F \cdot E} - X \cdot \sum \frac{S_1{}^2 \cdot s}{F \cdot E} = 0$$

zur Verfügung. Man hat

bei Teilbelastung I:

$$X_1 = \frac{\sum \dfrac{S_0 \cdot S_1 \cdot s}{F}}{\sum \dfrac{S_1{}^2 \cdot s}{F}}.$$

bei Teilbelastung II:

$$X_2 = \frac{\sum \dfrac{S_0 \cdot S_1 \cdot s}{F}}{\sum \dfrac{S_1{}^2 \cdot s}{F}}.$$

Hierin bedeuten:

S_0 die Spannkräfte des Systems aus den Lasten $\frac{P}{2}$ bei X_1 bzw. $X_2 = 0$.

S_1 die Spannkräfte des Systems nur aus der Belastung $X_1 = -1$ bzw. $X_2 = -1$.

F und s sind die jedesmal zugehörigen Stabquerschnitte und Stablängen.

Man ermittelt die Stabkräfte zweckmäßig bei jeder Teilbelastung für sich und setzt die Ergebnisse nachher zusammen.

Die Spannungswerte bei der Teilbelastung I sind

$$S_1 = S_0 - X_1 \cdot S_1,$$

bei der Teilbelastung II

$$S_2 = S_0 - X_2 \cdot S_1.$$

Trägt man die Zahlen bei jeder Teilbelastung übersichtlich ein, so kann man sie leicht zu den Restwerten sinngemäß zusammensetzen.

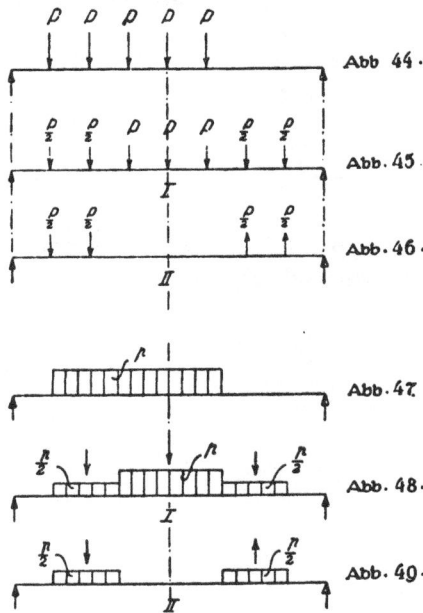

Abb 44.

Abb. 45

Abb. 46.

Abb. 47.

Abb. 48.

Abb. 49.

Beispiel 10. Eine Lastengruppe nach Abbildung 44.

Es handelt sich um Anordnung der für unsere Zwecke in Betracht kommenden symmetrischen und umgekehrt symmetrischen Teilbelastungen in bezug auf eine Systemmittelachse. Die fraglichen Zustände I und II sind in den Abb. 45 und 46 veranschaulicht.

Beispiel 11. Eine gleichmäßig verteilte Streckenlast nach Abbildung 47.

Fraglich sind wieder die beiden Teilbelastungen I und II, die in bezug auf eine Systemmittelachse symmetrische und umgekehrt symmetrische Anordnung aufweisen. Darstellung der Zustände siehe Abb. 48 und 49.

Beispiel 12. Ein Steifrahmen nach Abbildung 50, belastet einseitig durch *P*.

Die Aufgabe ist dreifach statisch unbestimmt. In irgendeinem Querschnitt erscheinen als unbekannte Größen: Ein Moment *M*, eine Querkraft *V* und eine Normalkraft *N*. Bei Lösung auf dem üblichen Wege müßte man drei Elastizitätsgleichungen mit drei Unbekannten

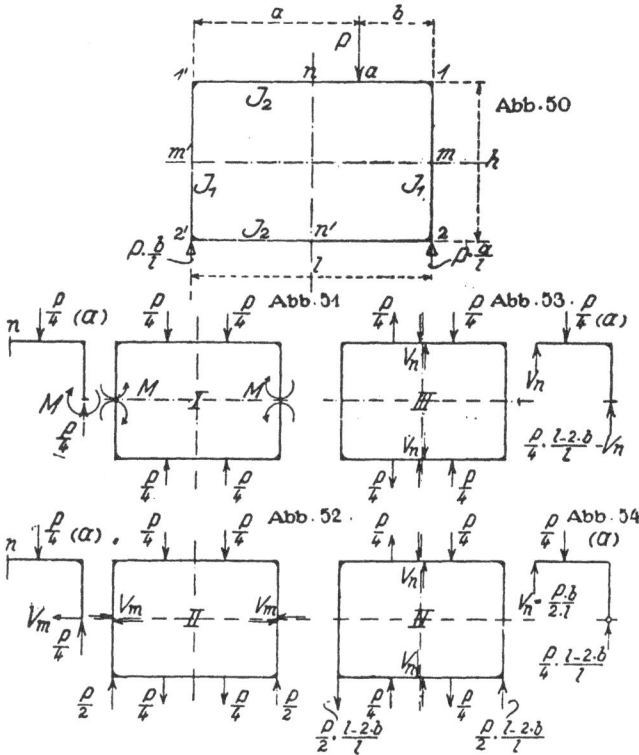

Abb. 50
Abb. 51
Abb. 52
Abb. 53
Abb. 54

aufstellen. Bedenkt man, daß außerdem die Ermittlungen sich über den ganzen Rahmen erstrecken, so liegt auf der Hand, daß dieses Verfahren einen außerordentlichen Aufwand an Zeit und Mühe erfordert.

Wir ordnen nun die Belastung durch *P* um in die vier Teilbelastungen I, II, III und IV der Abb. 51, 52, 53 und 54. Jeder der ersten drei Zustände ist einfach statisch unbestimmt und stellt eine für sich selbständige Aufgabe dar. Der Zustand IV ist sogar statisch bestimmbar. Die Ermittlungen erstrecken sich in allen Fällen nur über ein einziges Rahmenviertel.

Teilbelastung I: Unbekannt das Moment M im Querschnitt bei m.

Teilbelastung II: Unbekannt die Querkraft V_m im Querschnitt bei m.

Teilbelastung III: Unbekannt die Querkraft V_n im Querschnitt bei n.

Die Berechnung der fraglichen Größen könnte mit leichter Mühe nach den bekannten Bedingungsgleichungen erfolgen:

Teilbelastung I:

$$\int \frac{M_x}{J \cdot E} \cdot \frac{\partial M_x}{\partial M} \cdot dx = 0.$$

Teilbelastung II:

$$\int \frac{M_x}{J \cdot E} \cdot \frac{\partial M_x}{\partial V_m} \cdot dx = 0.$$

Teilbelastung III:

$$\int \frac{M_x}{J \cdot E} \cdot \frac{\partial M_x}{\partial V_n} \cdot dx = 0.$$

Noch bequemer gestalten sich die Ermittlungen, wenn man davon ausgeht, daß bei jedem Belastungszustand die Verdrehungen und Verschiebungen des Querschnittes, wo die statisch unbestimmten Größen angreifen, zu Null führen müssen.   Und wenn man die Verdrehungen und Verschiebungen mit Hilfe des Satzes vom zweiten Moment berechnet.   Das Verfahren wurde bei früheren Beispielen erläutert.

In den Nebenskizzen a, wie sie den Abb. 51 bis 54 beigefügt sind, wurde jeweilig der Belastungszustand eines Rahmenviertels zur Darstellung gebracht.   Ferner veranschaulichen die Abb. 55 bis 60 die bei jedem Zustande vorhandenen Momentenflächen aus der Belastung $\frac{P}{4}$ und aus der statisch unbestimmten Größe.

Teilbelastung I. Summe aller Verdrehungen des Querschnittes bei m gleich Null.

$$\frac{P}{4} \cdot b \left(\frac{l}{2} - b \right) \cdot \frac{1}{J_2} + \frac{P}{4} \cdot b \cdot \frac{b}{2} \cdot \frac{1}{J_2} - M \cdot \frac{h}{2} \cdot \frac{1}{J_1} - M \cdot \frac{l}{2} \cdot \frac{1}{J_2} = 0$$
$$E = 1.$$

Hieraus
$$M = P \cdot \frac{b}{4} \cdot \frac{a}{l + h \cdot \dfrac{J_2}{J_1}} \cdot$$

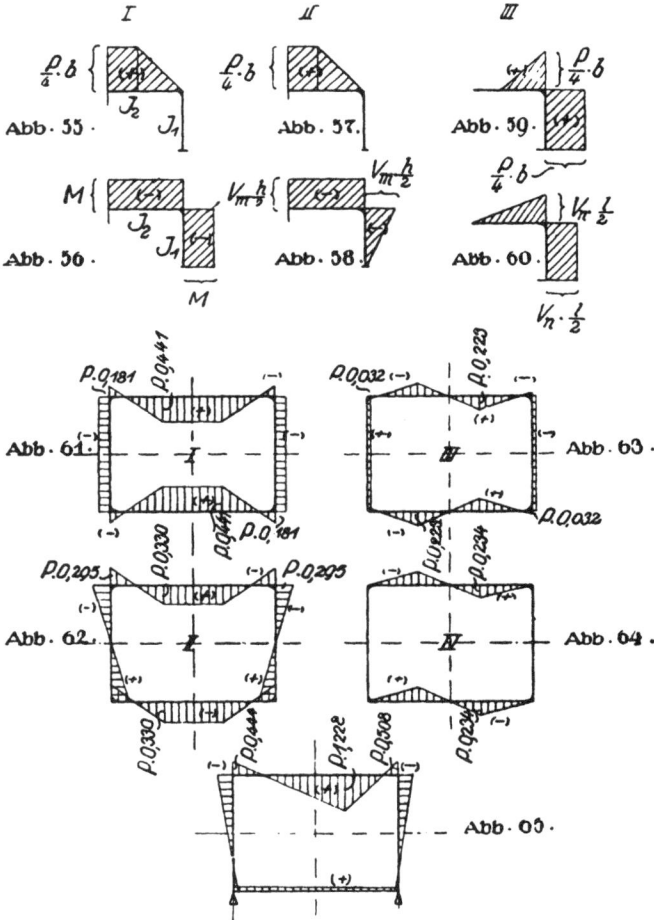

Abb. 55. Abb. 57. Abb. 59.

Abb. 56. Abb. 58. Abb. 60.

Abb. 61. Abb. 63.

Abb. 62. Abb. 64.

Abb. 65.

Teilbelastung II. Summe aller Verschiebungen des Querschnittes bei m gleich Null.

$$\frac{P}{4} \cdot b \left(\frac{l}{2} - b \right) \cdot \frac{h}{2} \cdot \frac{1}{J_2} + \frac{P}{4} \cdot \frac{b^2}{2} \cdot \frac{h}{2} \cdot \frac{1}{J_2} -$$

$$- V_m \cdot \frac{h}{2} \cdot \frac{h}{4} \cdot \frac{2}{3} \cdot \frac{h}{2} \cdot \frac{1}{J_1} - V_m \cdot \frac{h}{2} \cdot \frac{l}{2} \cdot \frac{h}{2} \cdot \frac{1}{J_2} = 0$$

$$E = 1.$$

Hieraus

$$V_m = P \cdot \frac{b}{2 \cdot h} \cdot \frac{a}{l + \frac{h}{3} \cdot \frac{J_2}{J_1}}.$$

Teilbelastung III. Summe aller Verschiebungen des Querschnittes bei n gleich Null.

$$\frac{P}{4} \cdot b \cdot \frac{b}{2} \cdot \left(\frac{l}{2} - \frac{b}{3}\right) \frac{1}{J_2} + \frac{P}{4} \cdot b \cdot \frac{h}{2} \cdot \frac{l}{2} \cdot \frac{1}{J_1} -$$

$$- V_n \cdot \frac{l}{2} \cdot \frac{l}{4} \cdot \frac{2}{3} \cdot \frac{l}{2} \cdot \frac{1}{J_2} - V_n \cdot \frac{l}{2} \cdot \frac{h}{2} \cdot \frac{l}{2} \cdot \frac{1}{J_1} = 0$$

$$E = 1.$$

Hieraus

$$V_n = P \cdot \frac{b}{2 \cdot l^2} \cdot \frac{b \, (3 \cdot l - 2 \cdot b) + 3 \cdot h \cdot l \cdot \frac{J_2}{J_1}}{l + 3 \cdot h \cdot \frac{J_2}{J_1}}.$$

Teilbelastung IV. Statisch bestimmbar.

Hiermit kann unsere Aufgabe als gelöst angesprochen werden. Es ist angebracht, einmal ein Zahlenbeispiel anzunehmen. Es möge sein

$$l = 8 \text{ m}, \quad h = 5,5 \text{ m}, \quad a = 5,5 \text{ m}, \quad b = 2,5 \text{ m}. \quad J_1 = 1,$$
$$J_2 = 2.$$

Teilbelastung I:

$$M = P \cdot \frac{2,5}{4} \cdot \frac{5,5}{8 + 5,5 \cdot \frac{2}{1}} = P \cdot 0,18092 \text{ t} \cdot \text{m}.$$

Teilbelastung II:

$$V_m = P \cdot \frac{2,5}{2 \cdot 5,5} \cdot \frac{5,5}{8 + \frac{5,5}{3} \cdot \frac{2}{1}} = P \cdot 0,10717 \cdot \text{t}.$$

Teilbelastung III:

$$V_n = P \cdot \frac{2,5}{2 \cdot 64} \cdot \frac{2,5 \, (24 - 5) + 3 \cdot 5,5 \cdot 8 \cdot \frac{2}{1}}{8 + 3 \cdot 5,5 \cdot \frac{2}{1}} = P \cdot 0,14839 \text{ t}.$$

Aufstellung der Momente:

Teilbelastung I:

$$M_m = -M = -P \cdot 0{,}18092 \, \text{t} \cdot \text{m}$$

$$M_1 = -M = -P \cdot 0{,}18092 \, \text{t} \cdot \text{m}$$

$$M_a = -M + \frac{P}{4} \cdot b$$

$$= -P \cdot 0{,}18092 + P \cdot 0{,}62500 = +P \cdot 0{,}44408 \, \text{t} \cdot \text{m}$$

$$M_n = -M + \frac{P}{4} \cdot b = +P \cdot 0{,}44408 \, \text{t} \cdot \text{m}.$$

Auftragung der Ergebnisse siehe Abb. 61.

Teilbelastung II:

$$M_m = 0$$

$$M_1 = -V_m \cdot \frac{h}{2} = -P \cdot 0{,}10717 \cdot 2{,}75 = -P \cdot 0{,}29472 \, \text{t} \cdot \text{m}$$

$$M_a = -V_m \cdot \frac{h}{2} + \frac{P}{4} \cdot b$$

$$= -P \cdot 0{,}29472 + P \cdot 0{,}62500 = +P \cdot 0{,}33028 \, \text{t} \cdot \text{m}$$

$$M_n = -V_m \cdot \frac{h}{2} + \frac{P}{4} \cdot b = +P \cdot 0{,}33028 \, \text{t} \cdot \text{m}.$$

Auftragung der Ergebnisse siehe Abb. 62.

Teilbelastung III:

$$M_m = V_n \cdot \frac{l}{2} - \frac{P}{4} \cdot b$$

$$= P \cdot 0{,}14839 \cdot 4 - \frac{P}{4} \cdot 2{,}5$$

$$= P \cdot 0{,}59356 - P \cdot 0{,}62500 = -P \cdot 0{,}03144 \, \text{t} \cdot \text{m}$$

$$M_1 = V_n \cdot \frac{l}{2} - \frac{P}{4} \cdot b = -P \cdot 0{,}03144 \, \text{t} \cdot \text{m}$$

$$M_a = V_n \cdot \left(\frac{l}{2} - b\right) = P \cdot 0{,}14839 \cdot 1{,}5 = +P \cdot 0{,}22259 \, \text{t} \cdot \text{m}.$$

Auftragung der Ergebnisse siehe Abb. 63.

Teilbelastung IV:

$$M_m = 0$$

$$M_1 = 0$$

$$M_a = V_n \cdot \left(\frac{l}{2} - b \right) = \frac{P \cdot b}{2 \cdot l} \cdot \left(\frac{l}{2} - b \right)$$

$$= P \cdot \frac{2,5}{16} \cdot 1,5 = + P \cdot 0,23438 \, \text{t} \cdot \text{m}.$$

Auftragung der Ergebnisse siehe Abb. 64.

Nunmehr werden die vorstehend ermittelten Werte zusammengesetzt, und man erhält die in der Abb. 65 eingetragenen Größen.

Zum Beispiel:

$$M_a = P \{ + 0,441 + 0,330 + 0,223 + 0,234 \}$$

$$= + P \cdot 1,228 \, \text{t} \cdot \text{m}$$

$$M_1 = P \{ - 0,181 - 0,295 - 0,032 \}$$

$$= - P \cdot 0,508 \, \text{t} \cdot \text{m}$$

$$M_1' = P \{ - 0,181 - 0,295 + 0,032 \}$$

$$= - P \cdot 0,444 \, \text{t} \cdot \text{m}.$$

Beispiel 13. Derselbe Rahmen, nur an allen vier Ecken in festen Gelenken gelagert. Abb. 66.

Die statische Sachlage ist hier dieselbe wie vorher, bis auf einen Umstand, auf den bereits bei Beispiel 1 hingewiesen wurde. Es tritt nämlich in diesem Falle an den vier Eckauflagern eine wagerechte Reaktion ein, die die statischen Vorgänge beeinflußt, d. h. eine Veränderung der Momente herbeiführt. Das Vorhandensein einer solchen Reaktion geht aus der Teilbelastung IV hervor. Abb. 67. Die statische Sachlage bei den übrigen Teilbelastungen wird durch die neue Lagerung nicht beeinflußt. Die Abb. 67 läßt die Ursache der fraglichen Reaktion V_m' ohne weiteres erkennen. Sie stellt die Querkraft dar, die als neue unbekannte Größe in der Mitte des senkrechten Pfostens zur Wirkung kommt. Während also der Rahmen des vorhergehenden Beispiels dreifach statisch unbestimmt war, enthält dieser noch eine vierte unbekannte Größe, nämlich die Querkraft V_m'.

In der Abb. 68 wurde ein Rahmenviertel mit der hier vorhandenen Belastung herausgezeichnet. Statisch unbestimmt ist also die Größe

V_m'. Die Größe bedingt auch eine Veränderung der senkrechten Auflagerdrucke des Rahmens. Die bei dieser Teilbelastung IV zustande kommenden senkrechten Auflagerdrucke mögen mit $\cdot A_4$ bezeichnet werden. Sie betragen

$$A_4 = \frac{P}{4} \cdot \frac{l-2\,b}{l} + V_m' \cdot \frac{h}{l}.$$

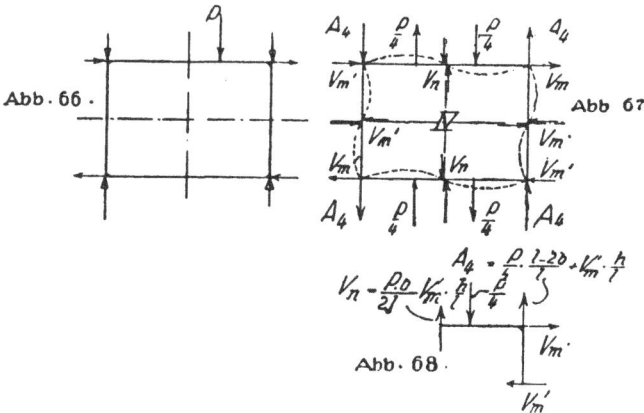

Abb. 66. Abb 67

Abb. 68.

Mit Bezug auf die Abb. 68 läßt sich folgende Beziehung aufstellen:

$$\Sigma \text{ Vertikalkräfte} = 0.$$

Somit

$$V_n + A_4 - \frac{P}{4} = 0$$

oder

$$V_n = \frac{P}{4} - A_4 = \frac{P}{4} - \frac{P}{4} \cdot \frac{l-2\,b}{l} - V_m' \cdot \frac{h}{l}$$

$$= \frac{P \cdot b}{2 \cdot l} - V_m' \cdot \frac{h}{l}.$$

Sämtliche das Gleichgewicht des Rahmenviertels bedingenden Kräfte sind in der Abb. 68 eingetragen. Die fragliche Größe V_m' läßt sich in ähnlicher Weise wie früher leicht auf Grund der Bedingung ermitteln, daß die Summe aller elastischen Verschiebungen des Querschnittes bei m in Richtung von V_m' gleich Null sein muß. Nach Kenntnis der Größe können dann ohne weiteres die Momente an dem Rahmen aufgestellt werden.

Während bei dem vorhergehenden Rahmen die tatsächlichen senkrechten Auflagerdrucke $P \cdot \dfrac{b}{l}$ bzw. $P \cdot \dfrac{a}{l}$ betrugen, hat man in diesem Falle

an jeder Ecke links

$$A_l = \frac{P \cdot b}{2\,l} + V_m{}' \cdot \frac{h}{l}$$

und an jeder Ecke rechts

$$A_r = \frac{P \cdot a}{2\,l} -- V_m{}' \cdot \frac{h}{l}.$$

Beispiel 14. Ein ähnlicher Rahmen wie vorher, nur seitlich durch die einseitige Last P in Anspruch genommen. Abb. 69.

Die Aufgabe ist dreifach statisch unbestimmt. Es erscheinen als Unbekannte in der Mitte des oberen Querriegels ein Moment,

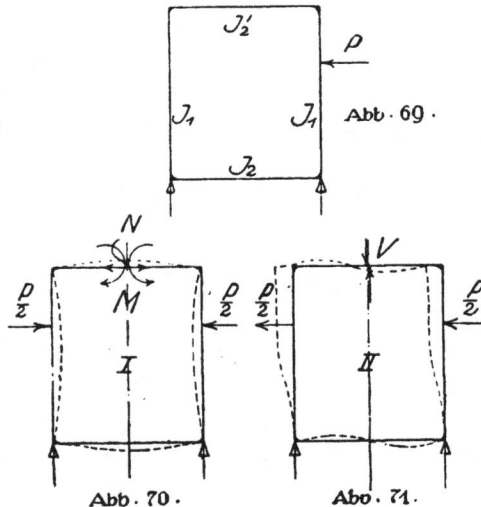

Abb. 69.

Abb. 70.

Abb. 71.

eine Querkraft und eine Normalkraft. Wir ordnen nun die Belastung durch P um in die beiden Teilbelastungen I und II. Abb. 70 und 71. Bei der Teilbelastung I hat man dann zwei Unbekannte: Ein Moment M und eine Normalkraft N in der Mitte des oberen Querriegels. Die Teilbelastung II weist nur eine unbestimmte Größe auf, und zwar eine Querkraft V an derselben Stelle. Die sonst dreifach statisch

unbestimmte Aufgabe ist somit gespalten in eine Aufgabe von zweifacher und eine Aufgabe von einfacher statischer Unbestimmtheit.
Dazu kommt der Vorteil, daß die Ermittlungen sich jedesmal nur
über eine Rahmenhälfte erstrecken.

Beispiel 15. Ein Doppelrahmen nach Abbildung 72, belastet einseitig durch *P*.

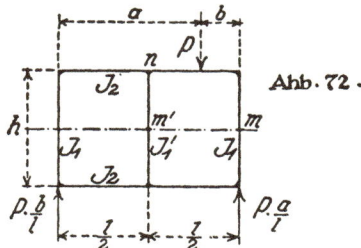

Abb. 72.

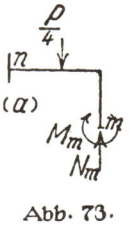

(*a*)

Abb. 73.

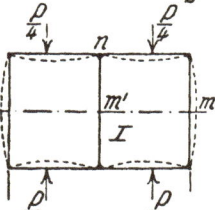

I

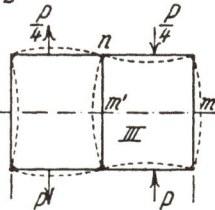

III

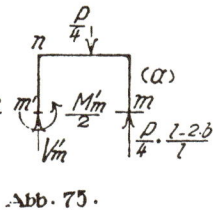

(*a*)

Abb. 75.

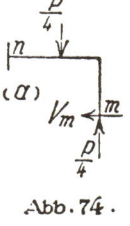

(*a*)

Abb. 74.

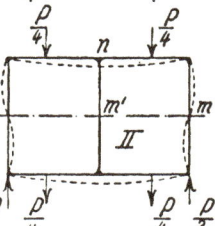

II

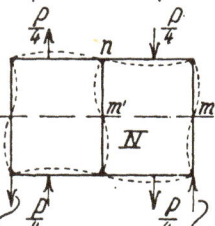

IV

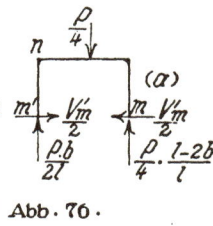

(*a*)

Abb. 76.

Die Aufgabe ist sechsfach statisch unbestimmt. Die Lösung
nach dem üblichen Verfahren — Aufstellung von sechs Elastizitätsgleichungen mit sechs Unbekannten — ist praktisch kaum durchführbar, würde jedenfalls ungeheure Mühe kosten und zu Ausdrücken
führen, die an Komplikation und Schwerfälligkeit nichts zu wünschen
übrig ließen.

Wir ordnen nun die Belastung durch *P* wieder um in die Teilbelastungen I, II, III und IV. Abb. 73, 74, 75 und 76. In den Figuren
sind mit punktierten Linien die Formänderungen des Rahmens bei

den jeweiligen Belastungen angedeutet, wonach die Art der statischen Unbestimmtheit leicht erkannt werden kann. Bei der Teilbelastung I entstehen, wenn man den Außenpfosten in der Mitte durchschnitten denkt, an dieser Stelle ein Moment M_m und eine Normalkraft N_m. Vgl. auch Abb. 73a. Bei der Teilbelastung II erscheint eine Querkraft V_m in der Mitte desselben Pfostens. Siehe auch Abb. 74a. Bei der Teilbelastung III haben wir die unbekannten Größen M_m' und V_m' in der Mitte des Mittelpfostens. Vgl. auch Abb. 75a. Schließlich enthält die Teilbelastung IV die unbekannte Querkraft V_m'. Siehe auch Abb. 76a.

Der Erfolg unseres Verfahrens ist zufriedenstellend. Wir haben statt sechs Gleichungen mit sechs Unbekannten nunmehr jedesmal nur zwei Gleichungen mit zwei Unbekannten bzw. eine Gleichung mit einer Unbekannten aufzustellen und zu lösen. Wobei dann noch der große Vorteil ins Gewicht fällt, daß die Ermittlungen sich in allen Fällen nur immer über ein einziges Rahmenviertel erstrecken.

Die Berechnung der statisch unbestimmten Größen kann jedesmal in einfacher Weise nach dem Satz vom zweiten Moment erfolgen. Oder nach folgenden Bedingungsgleichungen

Teilbelastung I:

$$\int \frac{M_x}{J \cdot E} \cdot \frac{\partial M_x}{\partial M_m} \cdot dx = 0; \quad \int \frac{M_x}{J \cdot E} \cdot \frac{\partial M_x}{\partial V_m} \cdot dx = 0.$$

Teilbelastung II:

$$\int \frac{M_x}{J \cdot E} \cdot \frac{\partial M_x}{\partial V_m} \cdot dx = 0.$$

Teilbelastung III:

$$\int \frac{M_x}{J \cdot E} \cdot \frac{\partial M_x}{\partial M_m'} \cdot dx = 0; \quad \int \frac{M_x}{J \cdot E} \cdot \frac{\partial M_x}{\partial V_m'} \cdot dx = 0.$$

Teilbelastung IV:

$$\int \frac{M_x}{J \cdot E} \cdot \frac{\partial M_x}{\partial V_m'} \cdot dx = 0.$$

Nach Ermittlung der fraglichen Größen stellt man zweckmäßig die Momente bei jeder Teilbelastung auf und setzt die Ergebnisse nachher zusammen.

Beispiel 16. Ein Rahmen nach Abbildung 77.

Die Ecken sind nicht steif, sondern gelenkig durchgebildet. Die fehlende Steifigkeit wird durch Eckstäbe, die nur Längskräfte aufnehmen, herbeigeführt. Die Aufgabe ist dreifach statisch unbestimmt. Die Lösung erfolgt in derselben Weise wie bei Beispiel 12 auf Grund der Teilbelastungen I, II, III und IV. Vgl. die Abb. 51, 52, 53 und 54.

Teilbelastung I: Unbekannt das Moment M.

Teilbelastung II: Unbekannt die Querkraft V_m.

Teilbelastung III: Unbekannt die Querkraft V_n.

Teilbelastung IV: Statisch bestimmt.

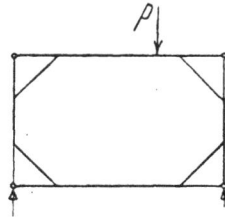

Abb. 77

Beispiel 17. Derselbe Rahmen wie vorher, nur daß jetzt die Ecken steif ausgebildet sind. Abb. 78.

Die Aufgabe ist nunmehr siebenfach statisch unbestimmt, indem zu den drei obigen statisch unbestimmten Größen noch weitere vier hinzutreten, nämlich die Längskräfte X_a, X_b, X_c und X_d in den eckversteifenden Stäben. Diese mögen unter 45^0 gerichtet sein. Die Lösung in der üblichen Weise — Aufstellung von sieben Elastizitätsgleichungen mit ebensoviel Unbekannten — würde wieder außerordentlich mühsam und kaum durchzuführen sein.

Wir bilden nun wieder die vier Teilbelastungen I, II, III und IV (Abb. 79, 80, 81 und 82) und haben dann folgenden einfachen Sachverhalt:

Teilbelastung I: Unbekannte Größen zwei, nämlich das Moment M_m und die Seitenkraft X_1 aus der Längskraft im Eckstabe.

Teilbelastung II: Unbekannte Größen zwei, nämlich die Querkraft V_m und die Seitenkraft X_2.

Teilbelastung III: Unbekannte Größen zwei, nämlich die Querkraft V_n und die Seitenkraft X_3.

Teilbelastung IV: Unbekannte Größen eine, nämlich die Seitenkraft X_4.

Wir haben also jetzt nur noch Einzelaufgaben von je zweifacher und einmal einfacher statischer Unbestimmtheit zu lösen. Beachtet

man ferner, daß sich wegen der Symmetrie der Teilbelastungen die
Ermittlungen wie immer nur über ein einziges Rahmenviertel er-
strecken, so leuchtet ein, daß unser Verfahren eine ganz ungemeine
Vereinfachung der Berechnung mit sich bringt.

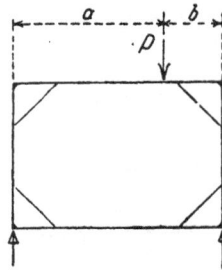

Abb. 78.

Abb. 79. Abb. 81.

Abb. 80. Abb. 82.

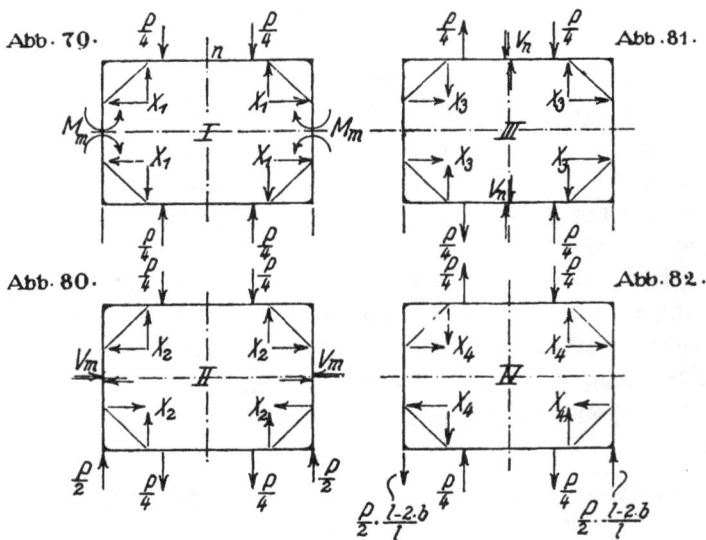

Bei Aufstellung der Momente geht man wie stets in der
Weise vor, daß man zunächst die Momente aus den Teilbelastungen ermittelt und die Ergebnisse nachher zusammensetzt.

Die Berechnung der unbekannten Größen kann leicht auf Grund
der elastischen Verschiebungen der kritischen Punkte oder auch mit
Hilfe der oben wiederholt angeschriebenen Bedingungsgleichungen
erfolgen.

Beispiel 18. Ein geschlossenes, steifrahmenartiges Portal nach Abbildung 83.

Die in den beiden Ecken oben angreifenden Lasten sind verschieden groß. Der Grad der statischen Unbestimmtheit tritt nicht ohne weiteres zutage. Aufschluß darüber gibt ohne weiteres unser Verfahren: Die Aufgabe ist einfach statisch unbestimmt. Wir stellen die beiden Teilbelastungen I und II (Abb. 84 und 85) auf. Bei der Teilbelastung I kommen nur Systemspannungen (Normalkräfte)

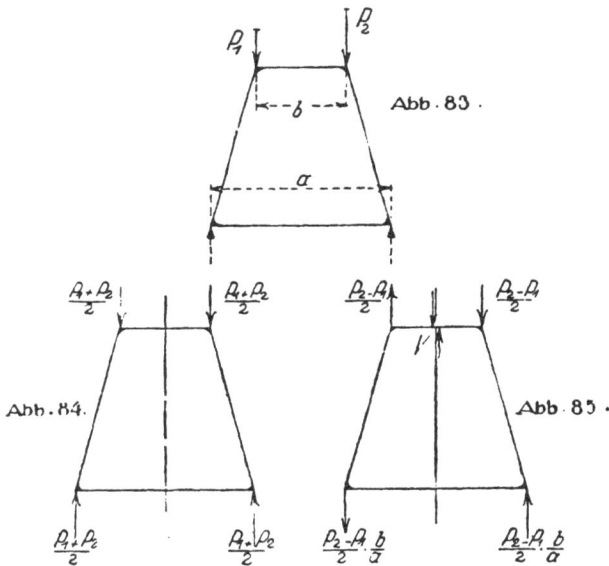

Abb. 83.

Abb. 84.

Abb. 85.

zustande. Die angreifenden Kräfte zerlegen sich einfach in die Stabrichtungen. Infolgedessen muß die statische Unbestimmtheit in der Teilbelastung II liegen. Als unbekannte Größe erscheint hier eine Querkraft V in der Mitte des oberen wagerechten Riegels. Die Ermittlung der Größe nach den wiederholt angegebenen Verfahren macht keine Schwierigkeit.

Beispiel 19. Ein Steifrahmen nach Abbildung 88, belastet einseitig durch mehrere Kräfte.

Die in den Abb. 89, 90, 91 und 92 dargestellten vier Teilbelastungen lassen sich leicht entwickeln. Die Aufgabe ist im übrigen dieselbe wie unter Beispiel 12. Sie wurde hier nur angedeutet, um zu zeigen, daß das Verfahren auch anwendbar ist, wenn der Rahmen von beliebig vielen Kräften angegriffen wird.

Beispiel 20. Ein geschlossenes Portal nach Abbildung 93, belastet einseitig durch P.

Die Aufgabe ist dreifach statisch unbestimmt. In irgendeinem Querschnitt, z. B. im Scheitel, entstehen die unbekannten Größen: Ein Moment M, eine Normalkraft N und eine Querkraft V.

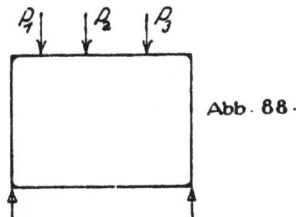

Abb. 88.

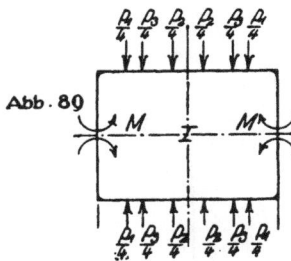

Abb. 89

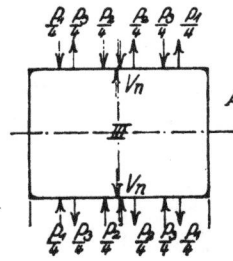

Abb. 91.

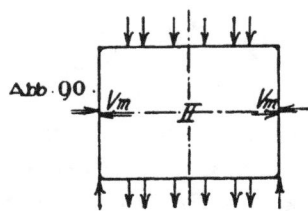

Abb. 90.

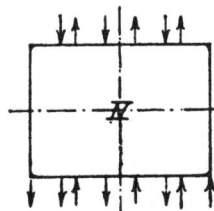

Abb. 92.

Unser Verfahren führt zu den beiden Teilbelastungen I und II, Abb. 94 und 95. Bei der Teilbelastung I erscheinen zwei unbestimmte Größen, ein Moment M und eine Normalkraft N im Scheitel des Bogens. Die Teilbelastung II weist nur eine einzige Unbekannte, und zwar die Querkraft V an derselben Stelle auf. Wir haben somit erreicht, daß die ursprünglich dreifach statisch unbestimmte Aufgabe in zwei Einzelrechnungen von einmal zweifacher und einmal einfacher statischer Unbestimmtheit zerfällt. Im weiteren hat man den Vorteil, daß die Ermittlungen sich in allen Fällen nur über eine Rahmenhälfte erstrecken. Zur Berechnung der statisch unbestimmten Größen benutzt man am besten die schon früher wiederholt angegebenen Bedingungsgleichungen:

Teilbelastung I:

$$\int \frac{M_\varphi}{J \cdot E} \cdot \frac{\partial M_\varphi}{\partial M} \cdot ds = 0$$

$$\int \frac{M_\varphi}{J \cdot E} \cdot \frac{\partial M_\varphi}{\partial N} \cdot ds = 0$$

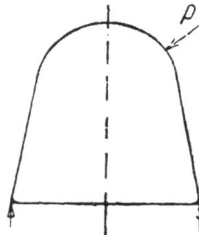

Abb. 93.

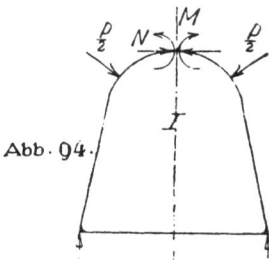

Abb. 94.

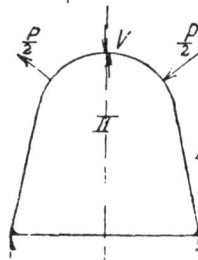

Abb. 95

Teilbelastung II:

$$\int \frac{M_\varphi}{J \cdot E} \cdot \frac{\partial M_\varphi}{\partial V} \cdot ds = 0.$$

Beispiel 21. Ein beiderseitig eingespannter Stabbogen nach Abbildung 96.

Auch diese Aufgabe ist dreifach statisch unbestimmt. Im Scheitel des Bogens unbekannt ein Moment M, eine Normalkraft N und eine Querkraft V.

Wir ordnen die Belastung durch P wieder um in die beiden Teilbelastungen I und II. Abb. 97 und 98. Haben dann wie oben bei der Teilbelastung I im Scheitel des Bogens als Unbekannte ein Moment M und eine Normalkraft N, während bei der Teilbelastung II nur die statisch unbestimmte Querkraft V vorhanden ist. Alle Ermittlungen erstrecken sich wieder nur über eine Rahmenhälfte. Die Ausrechnung der fraglichen Größen kann nach den obigen Bedingungsgleichungen erfolgen.

Eine gleichmäßige Wärmeänderung an dem Stabbogen entspricht ihrer Wirkung nach dem Belastungszustand I. Es kommen dabei im Scheitel des Bogens ein Moment M und eine Normalkraft N zustande.

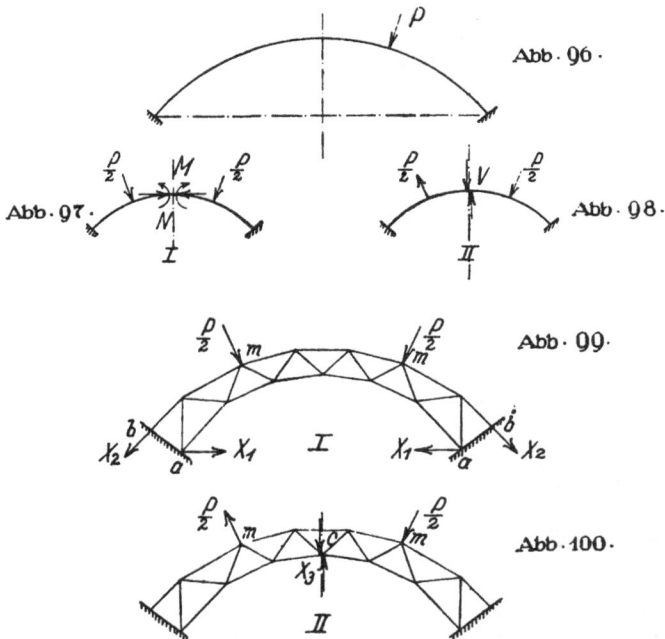

Abb. 96.

Abb. 97.

Abb. 98.

Abb. 99.

Abb. 100.

Beispiel 22. Ein beiderseitig eingespannter Fachwerkbogen nach Abbildung 99.

Die Belastung möge wieder in einer einseitig angreifenden, beliebig gerichteten Kraft P bestehen. Der Grad der statischen Unbestimmtheit ist derselbe wie bei dem vorhergehenden Beispiel: dreifach. In den Abb. 99 und 100 sind die beiden Teilbelastungen, wie sie auch hier ihren Zweck erfüllen, zur Darstellung gebracht. Belastungszustand I ist zweifach statisch unbestimmt, Belastungszustand II dagegen nur einfach statisch unbestimmt.

Teilbelastung I. Wir führen als statisch unbestimmte Größen zweckmäßig den wagerechten Schub X_1 ein und die Stabkraft X_2.

Wegen der Symmetrie des Systems und der Belastung erstrecken sich die Ermittlungen nur über eine Bogenhälfte. Die Berechnung der Unbekannten kann nach den Arbeitsgleichungen erfolgen:

$$\frac{P}{2} \cdot \delta_{am} - X_1 \cdot \delta_{aa} - X_2 \cdot \delta_{ab} = 0$$

$$\frac{P}{2} \cdot \delta_{bm} - X_1 \cdot \delta_{ba} - X_2 \cdot \delta_{bb} = 0.$$

Oder nach Einführung der tatsächlichen Verschiebungen

$$\sum \frac{S_0 \cdot S_1 \cdot s}{F \cdot E} - X_1 \cdot \sum \frac{S_1^2 \cdot s}{F \cdot E} - X_2 \cdot \sum \frac{S_1 \cdot S_2 \cdot s}{F \cdot E} = 0$$

$$\sum \frac{S_0 \cdot S_2 \cdot s}{F \cdot E} - X_1 \cdot \sum \frac{S_1 \cdot S_2 \cdot s}{F \cdot E} - X_2 \cdot \sum \frac{S_2^2 \cdot s}{F \cdot E} = 0.$$

Hierin bedeuten bekanntlich:

S_0 die Spannkräfte aus der Belastung durch $\frac{P}{2}$ bei $X_1 = 0$ und $X_2 = 0$.

S_1 die Spannkräfte bei dem Belastungszustand $X_1 = -1$.

S_2 die Spannkräfte bei dem Belastungszustand $X_2 = -1$.

s und F die jedesmal zugehörigen Stablängen und Querschnitte.

Eine gleichmäßige Wärmeänderung an dem Fachwerk entspricht ihrer Wirkung nach wieder der vorliegenden Teilbelastung I. Das heißt, sie ruft die beiden Größen X_1 und X_2 hervor. Für diesen Fall treten in den beiden letzten Arbeitsgleichungen an Stelle der links stehenden positiven Glieder die Ausdrücke

$$a \cdot t \cdot \Sigma S_1 \cdot s \quad \text{bzw.} \quad a \cdot t \cdot \Sigma S_2 \cdot s.$$

Teilbelastung II. Als statisch unbestimmte Größe hat man im Scheitelknoten die Querkraft X_3. Ihre Berechnung wird wieder mit Hilfe der Arbeitsgleichung durchgeführt. Wir schreiben

$$\frac{P}{2} \cdot \delta_{cm} - X_3 \cdot \delta_{cc} = 0.$$

Oder

$$\sum \frac{S_0 \cdot S_3 \cdot s}{F \cdot E} - X_3 \cdot \sum \frac{S_3^2 \cdot s}{F \cdot E} = 0.$$

Hiernach

$$X_3 = \frac{\sum \dfrac{S_0 \cdot S_3 \cdot s}{F \cdot E}}{\sum \dfrac{S_3{}^2 \cdot s}{F \cdot E}}.$$

Es bedeuten wieder:

S_0 die Spannkräfte aus der Belastung $\dfrac{P}{2}$ bei dem Zustand $X_3 = 0$.

S_1 die Spannkräfte aus der Belastung $X_3 = -1$.

Die Ermittlungen erstrecken sich wieder nur über eine Bogenhälfte.

Beispiel 23. Ein beiderseitig eingespannter Stabbogen nach Abbildung 101, einseitig in Anspruch genommen durch eine gleichförmige Streckenlast.

Die Aufgabe ist wie die vorhergehenden dreifach statisch unbestimmt. Sie wurde hier eingeschoben, um die Anwendung des

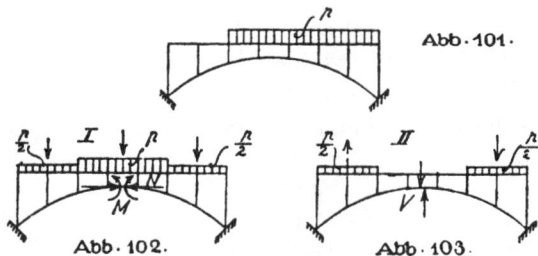

Abb. 101.

Abb. 102.

Abb. 103.

Verfahrens auch bei einseitiger Streckenlast zu zeigen. In Frage stehen wieder die hier zum Ziele führenden Teilbelastungen. Die beiden Zustände sind in den Abb. 102 und 103 vor Augen geführt. Teilbelastung I: Unbekannt ein Moment M und eine Normalkraft N im Scheitel des Bogens. Teilbelastung II: Unbekannt eine Querkraft V, ebenfalls im Scheitelpunkt.

Beispiel 24. Ein Ring unveränderlichen Querschnittes nach Abbildung 104, belastet mit den drei Kräften P_1, P_2 und P_3.

Das Gleichgewicht bedingt, daß die drei Kräfte durch ein und denselben Punkt gehen. Die Größe der Lasten wurde im Kräfteplan Abb. 105 festgelegt.

Die Aufgabe ist dreifach statisch unbestimmt. In irgendeinem Querschnitt erscheinen als fraglich ein Moment M, eine Querkraft V und eine Normalkraft N. Man hätte nach dem üblichen Berechnungsverfahren drei Elastizitätsgleichungen nach den Größen M, V und N aufzustellen und aus diesen Beziehungen die drei Unbekannten zu ermitteln. Dieser Weg ist aber praktisch nicht ernst zu nehmen, denn er führt zu geradezu ungeheuren Ausdrücken und müßte schon nach den ersten Versuchen aufgegeben werden.

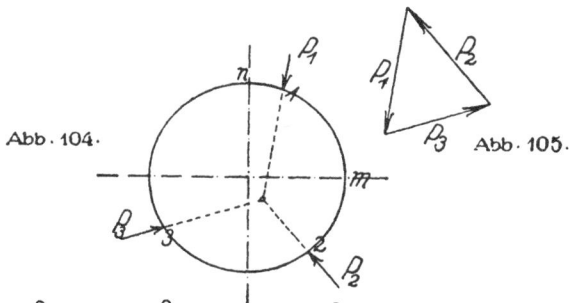

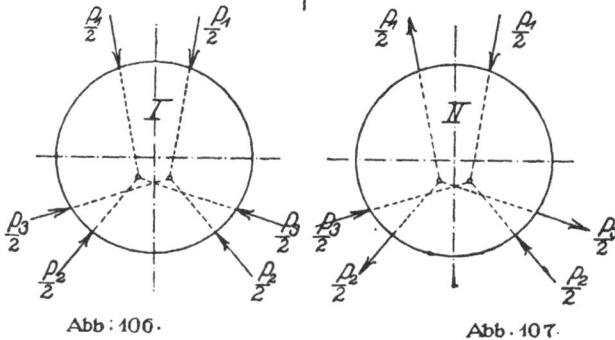

Abb. 104.

Abb. 105.

Abb. 106.

Abb. 107.

Die Lösung gelingt wieder überraschend einfach mit Hilfe unseres Verfahrens. Wir erstreben eine Auflösung der dreifach statisch unbestimmten Aufgabe in drei voneinander unabhängige Einzelrechnungen von jeweils einfacher statischer Unbestimmtheit. Zunächst ordnen wir die Belastung um in die beiden Teilbelastungen I und II der Abb. 106 und 107. Die Vereinfachung ist schon wesentlich. Bei der Teilbelastung I hat man als Unbekannte nur noch ein Moment M und eine Querkraft V in dem Querschnitt bei m. Die Teilbelastung II weist sogar nur noch eine einzige statische Unbestimmtheit auf, nämlich eine Querkraft V im Querschnitt bei n. Im übrigen hat man noch den besonderen Vorteil erreicht, daß wegen

der Symmetrie der Belastung die Ermittlungen bei beiden Teilbelastungen sich immer nur über eine Ringhälfte erstrecken.

Wir gehen jedoch noch weiter und ordnen die Teilbelastungen
jeweils noch weiter um in die Teilbelastungen Ia und Ib und IIa
und IIb (Abb. 108, 109, 110 und 111). Die planmäßige Entwicklung
der Belastungsumordnungen ist aus den Abbildungen leicht zu erkennen. Es handelt sich immer nur um eine Wiederholung des unter

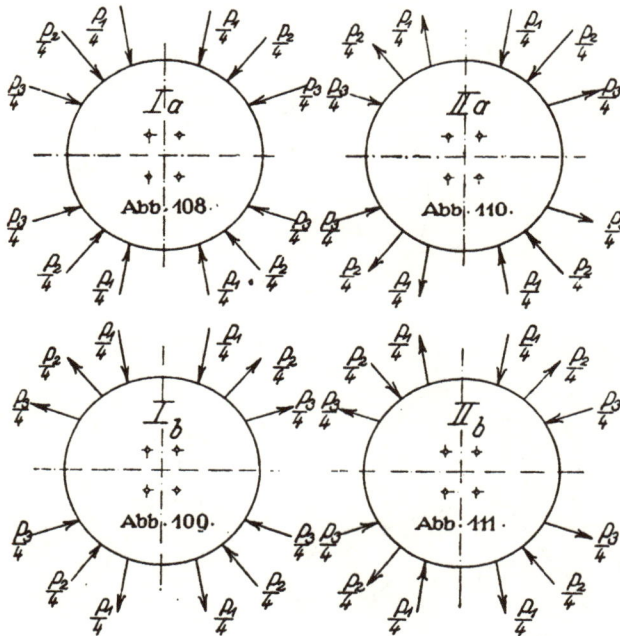

Beispiel 12 geübten Verfahrens mit einer einzigen Last P. Was dort
mit P vorgenommen wurde, geschieht hier mit jeder der drei Lasten.
Sämtliche Teilbelastungen Ia, Ib, IIa und IIb zusammengelegt, ergeben wieder die Grundbelastung der Abb. 104.

Unsere Absichten sind nunmehr erreicht. Wir haben jetzt nur
noch Einzelrechnungen vor uns von jedesmal einfacher statischer
Unbestimmtheit.

Teilbelastung Ia: Unbekannt das Moment M_m.
Teilbelastung Ib: Unbekannt die Querkraft V_m.
Teilbelastung IIa: Unbekannt die Querkraft V_n.
Teilbelastung IIb: Statisch bestimmbar.

In den Abb. 112, 113, 114 und 115 sind die einzelnen Zustände, betrachtet jedesmal an einem Ringviertel, noch einmal vor Augen geführt. Ganz besonders vereinfachend ist der Umstand, daß die Ermittlungen bei jeder Rechnung sich nunmehr nur noch über ein einziges Ringviertel erstrecken. Nach Ausrechnung der unbekannten Größen M_m, V_m und V_n stellt man zweckmäßig die Momente zunächst bei jeder Teilbelastung für sich auf und setzt die Ergebnisse nachher zusammen. Die Momente bei jeder Teilbelastung verlaufen entsprechend den Belastungszuständen immer symmetrisch und umgekehrt symmetrisch.

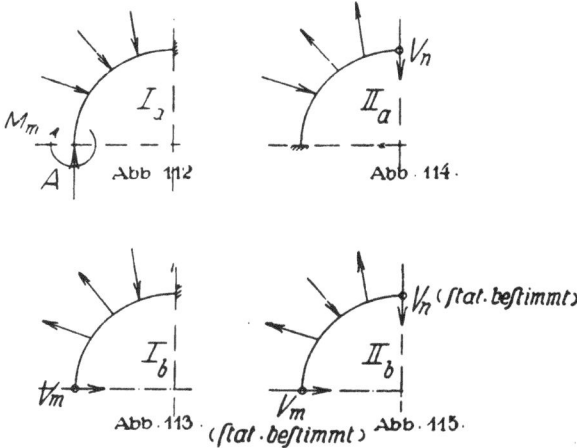

Abb. 112.   Abb. 114.

Abb. 113. (ſtat. beſtimmt)   Abb. 115.

Beispiel 25. Ein Ring unveränderlichen Querschnittes nach Abbildung 116, beansprucht einseitig durch zwei Kräfte P.

Die Aufgabe ist, wenn man einen beliebigen Querschnitt ins Auge faßt, ebenfalls dreifach statisch unbestimmt. Man hat als Unbekannte: Ein Moment M, eine Querkraft V und eine Normalkraft N.

Wir ordnen die Belastung zunächst wieder um in die beiden Teilbelastungen I und II (Abb. 117 und 118). Im weiteren zerlegen wir auch diese Belastungen, und zwar in die Zustände Ia, Ib und IIa und IIb. Abb. 119, 120, 121 und 122. Wir haben dann unser Ziel erreicht, indem die dreifach statisch unbestimmte Aufgabe in drei Einzelrechnungen von je einfacher statischer Unbestimmtheit aufgelöst erscheint.

Teilbelastung Ia: Unbekannt das Moment M_m.
Teilbelastung Ib: Unbekannt die Querkraft V_m.
Teilbelastung IIa: Unbekannt die Querkraft V_n.
Teilbelastung IIb: Statisch bestimmt.

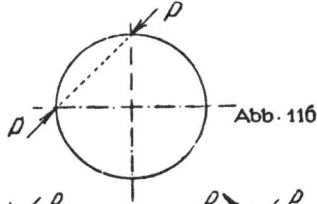

Abb. 116

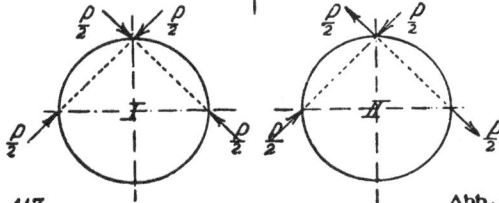

Abb. 117.   Abb. 118

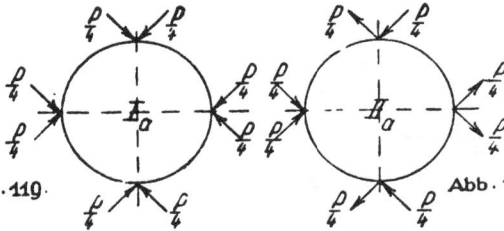

Abb. 119.   Abb. 121.

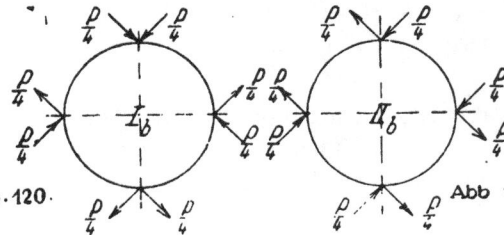

Abb. 120.   Abb 122.

Ermittlung der unbestimmten Größen:

Teilbelastung Ia (Abb. !23).

Berechnung von M_m nach

$$\int \frac{M_\varphi}{J \cdot E} \cdot \frac{\partial M_\varphi}{\partial M_m} \cdot ds = 0.$$

$$M_{\varphi} = \frac{P}{4} \cdot \frac{\sqrt{2}}{2} \cdot r \, (1 - \cos \varphi) - \frac{P}{4} \cdot \frac{\sqrt{2}}{2} \cdot r \cdot \sin \varphi + M_m$$

$$\frac{\partial M_{\varphi}}{\partial M_m} = 1.$$

$$\int_0^{\frac{\pi}{2}} \left\{ \frac{P}{4} \cdot \frac{\sqrt{2}}{4} \cdot r^2 \, (1 - \cos \varphi - \sin \varphi) + M_m \cdot r \right\} d\varphi = 0$$

$$= - \frac{P}{4} \cdot \frac{\sqrt{2}}{2} \cdot r^2 \left(2 - \frac{\pi}{2} \right) + M_m \cdot r \cdot \frac{\pi}{2} = 0.$$

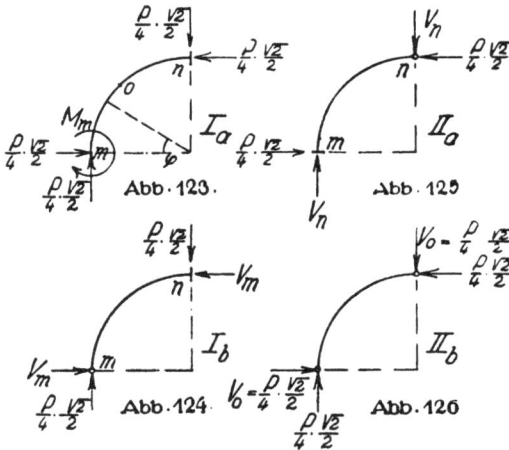

Abb. 123.   Abb. 125

Abb. 124.   Abb. 126

Hiernach die statisch unbestimmte Größe

$$M_m = \frac{P}{4} \cdot \frac{\sqrt{2}}{2} \cdot r \cdot 0{,}2733.$$

Man erhält folgende Momente:

Im Querschnitt bei m

$$M_m = \frac{P}{4} \cdot \frac{\sqrt{2}}{2} \cdot r \cdot 0{,}2733 = + P \cdot r \cdot 0{,}0483.$$

Im Querschnitt bei 0

$$M_0 = \frac{P}{4} \cdot \frac{\sqrt{2}}{2} \cdot r \, (1 - 0{,}7071 - 0{,}7071 + 0{,}2733)$$

$$= - P \cdot r \cdot 0{,}0249.$$

Im Querschnitt bei n

$$M_n = \frac{P}{4} \cdot \frac{\sqrt{2}}{2} \cdot r\,(1 - 0 - 1 + 0{,}2733)$$
$$= + P \cdot r \cdot 0{,}0483.$$

Die Momente über den ganzen Ring sind in der Abb. 127 auf Grund der vorstehenden Stichwerte schematisch aufgetragen.

Teilbelastung Ib (Abb. 124).

Berechnung von V_m nach

$$\int \frac{M_\varphi}{J \cdot E} \cdot \frac{\partial M_\varphi}{\partial V_m} \cdot ds = 0$$

$$M_\varphi = \frac{P}{4} \frac{\sqrt{2}}{2} \cdot r\,(1 - \cos\varphi) - V_m \cdot r \cdot \sin\varphi$$

$$\frac{\partial M_\varphi}{\partial V_m} = - r \cdot \sin\varphi$$

$$\int_0^{\frac{r}{2}} \left\{ - \frac{P}{4} \cdot \frac{\sqrt{2}}{2} \cdot r^3\,(\sin\varphi - \sin\varphi \cdot \cos\varphi) + V_m \cdot r^3 \cdot \sin^2\varphi \right\} d\varphi = 0$$

$$= - \frac{P}{4} \cdot \frac{\sqrt{2}}{2} \cdot r^3 \cdot \frac{1}{2} + V_m \cdot r^3 \cdot \frac{\pi}{4} = 0.$$

Hiernach die statisch unbestimmte Größe

$$V_m = \frac{P}{4} \cdot \frac{\sqrt{2}}{2} \cdot 0{,}6366.$$

Man erhält folgende Momente:

Im Querschnitt bei m

$$M_m = 0.$$

Im Querschnitt bei 0

$$M_0 = \frac{P}{4} \cdot \frac{\sqrt{2}}{2} \cdot r\,(1 - 0{,}7071 - 0{,}6366 \cdot 0{,}7071)$$
$$= - P \cdot r \cdot 0{,}0278.$$

Im Querschnitt bei n

$$M_n = \frac{P}{4} \cdot \frac{\sqrt{2}}{2} \cdot r\,(1 - 0 - 0{,}6366)$$
$$= + P \cdot r \cdot 0{,}0643.$$

Die Momente über den ganzen Ring sind in der Abb. 128 auf Grund der vorstehenden Stichwerte schematisch aufgetragen.

Teilbelastung IIa (Abb. 125).

Der Belastungszustand ist derselbe wie bei Teilbelastuug Ib, nur um 90° gedreht. Die statisch unbestimmte Größe ist also wie vorher

$$V_n = \frac{P}{4} \cdot \frac{\sqrt{2}}{2} \cdot 0{,}6366.$$

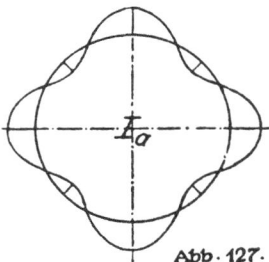

Abb. 127.

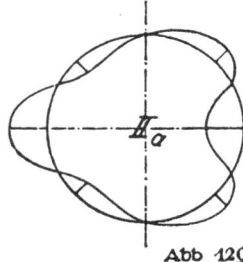

Abb. 129.

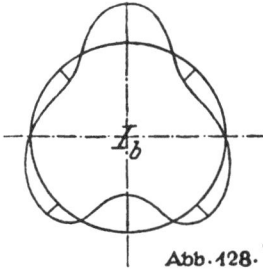

Abb. 128.

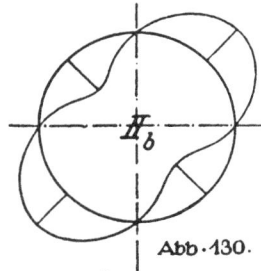

Abb. 130.

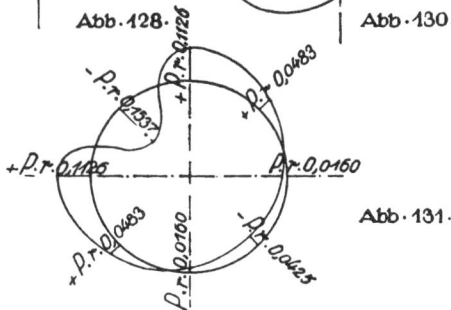

Abb. 131.

Entsprechend sind auch die Momente dieselben. Schematische Auftragung siehe Abb. 129.

Teilbelastung IIb (Abb. 126).

Der Fall ist statisch bestimmbar.

Man erhält folgende Momente:

Im Querschnitt bei m

$$M_m = 0.$$

Im Querschnitt bei 0

$$M_0 = \frac{P}{4} \cdot \frac{\sqrt{2}}{2} \cdot r\,(1 - \cos \varphi) - \frac{P}{4} \cdot \frac{\sqrt{2}}{2} \cdot r \cdot \sin \varphi$$

$$= \frac{P}{4} \cdot \frac{\sqrt{2}}{2} \cdot r\,(1 - 0,7071 - 0,7071)$$

$$= - P \cdot r \cdot 0,0732.$$

Im Querschnitt bei n

$$M_n = 0.$$

Schematische Auftragung der Momente über den ganzen Ring auf Grund der vorstehenden Stichwerte siehe Abb. 130.

Um nun die an dem Ring tatsächlich wirksamen Momente zu erhalten, werden die Ergebnisse der einzelnen Teilbelastungen einfach zusammengesetzt. Die Restwerte sind in der Abb. 131 schematisch zur Darstellung gebracht.

Bei der Querschnittsermittlung des Ringes kommen unter Umständen auch die Normal- und Querkräfte in Frage. Die Größen sind für jeden Querschnitt leicht zu bestimmen. Es möge noch bemerkt werden, daß der verschwindend geringe Einfluß der Formänderung aus den Normal- und Querkräften bei Ermittlung der statisch unbestimmten Größen vernachlässigt werden darf. Vergleiche den Hinweis eingangs dieses Kapitels.

Die vorstehende Aufgabe läßt sich auch in sehr bequemer Weise lösen, wenn man die Betrachtung hinsichtlich der Belastung durch die Kräfte P auf eine Symmetrieachse nach Abb. 132 einstellt. Die Aufgabe ist dann, wenn man den Querschnitt m oder n ins Auge faßt, zweifach statisch unbestimmt. Zwecks Spaltung der beiden Unbekannten ordnen wir die Belastung um in die beiden Teilbelastungen I und II (Abb. 133 und 134). Wir haben dann zwei Einzelrechnungen von je einfacher statischer Unbestimmtheit. Bei der Teilbelastung I unbekannt das Moment M_m, bei der Teilbelastung II unbekannt die Querkraft V_m. Die Integrationen erstrecken sich jedesmal nur über ein einziges Ringviertel.

Teilbelastung I (Abb. 133).

Ermittlung von M_m nach

$$\int \frac{M_\varphi}{J \cdot E} \cdot \frac{\partial M_\varphi}{\partial M_m} \cdot ds = 0$$

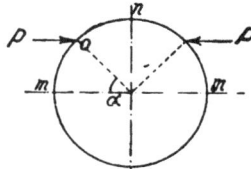

Abb. 132.

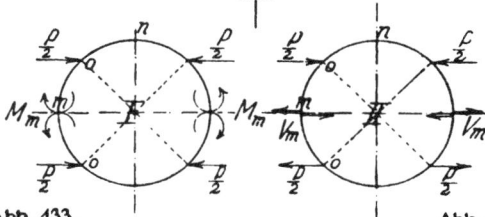

Abb. 133. Abb. 134.

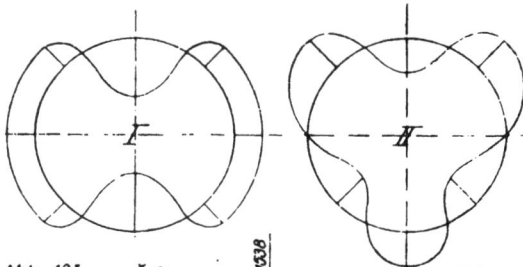

Abb. 135. Abb. 136

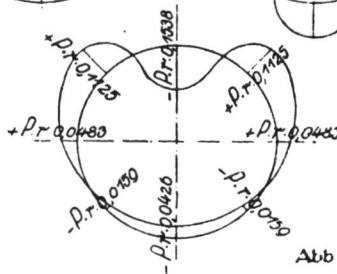

Abb. 137.

(Von m bis 0) $M_\varphi = + M_m$ $\dfrac{\partial M_\varphi}{\partial M_m} = 1$

$$\int_0^{\frac{\pi}{4}} M_m \cdot r \cdot d\varphi = M_m \cdot r \cdot \frac{\pi}{4} \quad \ldots \ldots \quad (1)$$

(Von 0 bis *n*)

$$M_\varphi = -\frac{P}{2} \cdot r\,(\sin \varphi - \sin a) + M_m$$

$$\frac{\partial M_\varphi}{\partial M_m} = 1$$

$$\int_{\frac{\pi}{4}}^{\frac{\pi}{2}} \left\{ -\frac{P}{2} \cdot r^2\,(\sin \varphi - \sin a) + M_m \cdot r \right\} d\varphi$$

$$= -\frac{P}{2} \cdot r^2 \cdot \frac{\sqrt{2}}{2}\left(1 - \frac{\pi}{4}\right) + M_m \cdot r \cdot \frac{\pi}{4} \quad \ldots \quad (2)$$

Zusammenfassung:

$$-\frac{P}{2} \cdot r^2 \cdot \frac{\sqrt{2}}{2}\left(1 - \frac{\pi}{4}\right) + M_m \cdot r \cdot \frac{\pi}{4} + M_m \cdot r \cdot \frac{\pi}{4} = 0.$$

Hiernach

$$M_m = + P \cdot r \cdot 0{,}0483.$$

Man erhält folgende Momente:

$$M_m = + P \cdot r \cdot 0{,}0483$$
$$M_0 = + P \cdot r \cdot 0{,}0483$$
$$M_n = -\frac{P}{2} \cdot r\,(1 - 0{,}7071) + P \cdot r \cdot 0{,}0483$$
$$= - P \cdot r \cdot 0{,}0982.$$

Schematische Auftragung der Momente über den ganzen Ring auf Grund vorstehender Stichwerte siehe Abb. 135.

Teilbelastung II (Abb. 134).

Ermittlung von V_m nach

$$\int \frac{M_\varphi}{J \cdot E} \cdot \frac{\partial M_\varphi}{\partial V_m} \cdot ds = 0.$$

(Von *m* bis 0)

$$M_\varphi = V_m \cdot r \cdot \sin \varphi \qquad \frac{\partial M_\varphi}{\partial V_m} = r \cdot \sin \varphi$$

$$\int_0^{\frac{\pi}{4}} V_m \cdot r^3 \cdot \sin^2 \varphi \cdot d\varphi = V_m \cdot r^3 \cdot \frac{1}{4}\left(\frac{\pi}{2} - 1\right) \quad \ldots \quad (1)$$

(Von 0 bis n)

$$M_\varphi = -\frac{P}{2} \cdot r \left(\sin \varphi - \sin \alpha \right) + V_m \cdot r \cdot \sin \varphi$$

$$\frac{\partial M_\varphi}{\partial V_m} = r \cdot \sin \varphi$$

$$\int_{\frac{\pi}{4}}^{\frac{\pi}{2}} \left\{ -\frac{P}{2} \cdot r^3 \left(\sin^2 \varphi - \sin \varphi \cdot \sin \alpha \right) + V_m \cdot r^3 \cdot \sin^2 \varphi \right\} d\varphi$$

$$= -\frac{P}{2} \cdot r^3 \cdot \frac{1}{4} \left(\frac{\pi}{2} - 1 \right) + V_m \cdot r^3 \cdot \frac{1}{4} \left(\frac{\pi}{2} + 1 \right) \cdots (2)$$

Zusammenfassung:

$$-\frac{P}{2} \cdot r^3 \cdot \frac{1}{4} \left(\frac{\pi}{2} - 1 \right) + V_m \cdot r^3 \cdot \frac{1}{4} \left(\frac{\pi}{2} - 1 \right) + V_m \cdot r^3 \cdot \frac{1}{4} \left(\frac{\pi}{2} + 1 \right) = 0.$$

Hiernach

$$V_m = \frac{P}{2} \cdot \frac{\pi - 2}{2 \pi} = P \cdot 0,0908.$$

Man erhält folgende Momente:

$$M_m = 0$$

$$M_0 = V_m \cdot r \cdot \sin \alpha = + P \cdot r \cdot 0,0642$$

$$M_n = -\frac{P}{2} \cdot r \cdot \left(\sin \frac{\pi}{2} - \sin \frac{\pi}{4} \right) + V_m \cdot r \cdot \sin \frac{\pi}{2}$$

$$= - P \cdot r \cdot 0,0556.$$

Schematische Auftragung der Momente über den ganzen Ring siehe Abb. 136.

Man gewinnt nun die an dem Ring tatsächlich angreifenden Momente, wenn man die Momente aus den einzelnen Teilbelastungen sinngemäß vereinigt. Die Restwerte sind in der Abb. 137 schematisch aufgetragen. Die Ergebnisse stimmen mit denen der vorhergehenden Lösung überein.

Beispiel 26. Ein Ring unveränderlichen Querschnittes nach Abbildung 138, belastet durch die drei Kräfte P_1, P_2 und P_3.

Die Angriffspunkte der Kräfte liegen jedesmal in der Mitte des Viertelbogens. In dem Plan Abb. 139 ist die Größe der Kräfte aufgerissen.

Wir ordnen die Belastung zunächst wieder um in die beiden Teil-belastungen I und II (Abb. 140 und 141). Zerlegen sie sodann weiter in die vier Teilbelastungen Ia, Ib und IIa, IIb (Abb. 142, 143, 144 und 145). Man hat dann die ursprünglich dreifach statisch unbe-

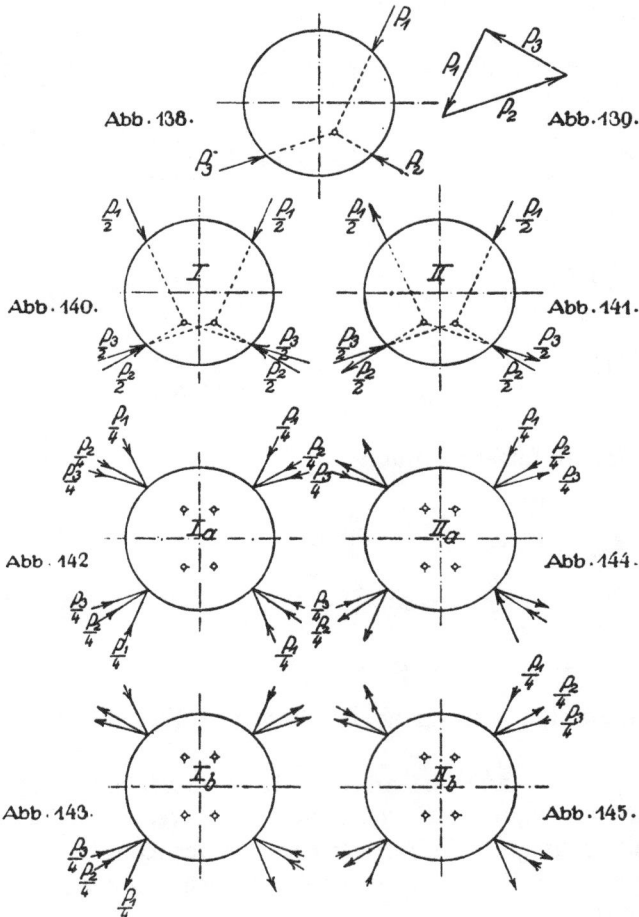

Abb. 138. Abb. 139.

Abb. 140. Abb. 141.

Abb. 142 Abb. 144.

Abb. 143. Abb. 145.

stimmte Aufgabe in verschiedene Einzelrechnungen von je einfacher statischer Unbestimmtheit aufgelöst. Das in jedem Punkte an-greifende Kräftebündel wird jedesmal zu einer Resuitierenden zu-sammengefaßt. In den Abb. 146, 147, 148 und 149 sind die vier ein-zelnen Belastungszustände herausgezeichnet. Die Lösung der Aufgabe Abb. 138, die sonst nur unter unerhörten Mühen durchgeführt werden könnte, ist nunmehr wieder ungemein einfach. Die Ermittlungen erstrecken sich wie immer jedesmal nur über ein einziges Ringviertel.

Teilbelastung Ia (Abb. 146).

Unbekannt das Moment M_m. Berechnung der Größe nach der Bedingungsgleichung

$$\int \frac{M_\varphi}{J \cdot E} \cdot \frac{\partial M_\varphi}{\partial M_m} \cdot d s = 0.$$

(Von m bis 0)

$$M_\varphi = R_1 \cdot \sin \beta \cdot r \, (1 - \cos \varphi) + M_m$$

$$\frac{\partial M_\varphi}{\partial M_m} = 1$$

$$\int_0^{\frac{\pi}{4}} \{ R_1 \cdot \sin \beta \cdot r^2 \, (1 - \cos \varphi) + M_m \cdot r \} \, d \varphi$$

$$= R_1 \cdot \sin \beta \cdot r^2 \left(\frac{\pi}{4} - \frac{\sqrt{2}}{2} \right) + M_m \cdot r \cdot \frac{\pi}{4} \quad \ldots \ldots \quad (1)$$

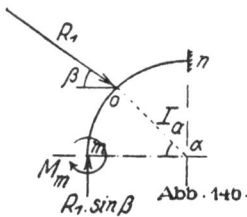

Abb. 146.

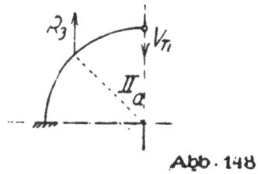

Abb. 148.

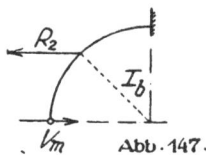

Abb. 147.

Abb. 149.

$V_m - V_n$ ſtat. beſtimmt.

(Von 0 bis n)

$$M_\varphi = R_1 \cdot \sin \beta \cdot r \, (1 - \cos \alpha) - R_1 \cdot \cos \beta \cdot r \, (\sin \varphi - \sin \alpha) + M_m$$

$$\frac{\partial M_\varphi}{\partial M_m} = 1$$

$$\int_{\frac{\pi}{4}}^{\frac{\pi}{2}} \{ R_1 \cdot \sin \beta \cdot r^2 \, (1 - \cos \varphi) - R_1 \cdot \cos \beta \cdot r^2 \, (\sin \varphi - \sin \alpha) + M_m \cdot r \} \, d \varphi$$

$$= R_1 \cdot \sin \beta \cdot r^2 \left(1 - \frac{\sqrt{2}}{2} \right) \cdot \frac{\pi}{4} - R_1 \cdot \cos \beta \cdot r^2 \cdot \frac{\sqrt{2}}{2} \left(1 - \frac{\pi}{4} \right) + M_m \cdot r \cdot \frac{\pi}{4} \quad (2)$$

Zusammenfassung:

$$R_1 \cdot \sin\beta \cdot r^2 \left(\frac{\pi}{4} - \frac{\sqrt{2}}{2}\right) + R_1 \cdot \sin\beta \cdot r^2 \left(1 - \frac{\sqrt{2}}{2}\right) \cdot \frac{\pi}{4} -$$

$$- R_1 \cdot \cos\beta \cdot r^2 \cdot \frac{\sqrt{2}}{2}\left(1 - \frac{\pi}{4}\right) + M_m \cdot r \cdot \frac{\pi}{2} = 0.$$

Hieraus

$$M_m = R_1 \cdot r \ (\cos\beta \cdot 0{,}1517 - \sin\beta \cdot 0{,}3083).$$

Die Größe wird Null bei $\beta' = 26^0\ 10'$.

Wenn β kleiner als β', dann ist M_m rechtsdrehend. Wenn β größer als β', dann ist M_m linksdrehend.

Teilbelastung Ib (Abb. 147).

Unbekannt die Querkraft V_m. Berechnung der Größe nach

$$\int \frac{M_\varphi}{J \cdot E} \cdot \frac{\partial M_\varphi}{\partial V_m} \cdot ds = 0$$

(Von m bis 0)

$$M_\varphi = -V_m \cdot r \cdot \sin\varphi \qquad \frac{\partial M_\varphi}{\partial V_m} = -r \cdot \sin\varphi$$

$$\int_0^{\frac{\pi}{4}} V_m \cdot r^3 \cdot \sin^2\varphi \cdot d\varphi = V_m \cdot r^3 \cdot \frac{1}{4}\left(\frac{\pi}{2} - 1\right) \quad \cdots \quad (1)$$

(Von 0 bis n)

$$M_\varphi = R_2 \cdot r\ (\sin\varphi - \sin\alpha) - V_m \cdot r \cdot \sin\varphi$$

$$\frac{\partial M_\varphi}{\partial V_m} = -r \cdot \sin\varphi$$

$$\int_{\frac{\pi}{4}}^{\frac{\pi}{2}} \{-R_2 \cdot r^3\ (\sin^2\varphi - \sin\varphi \cdot \sin\alpha) + V_m \cdot r^3 \cdot \sin^2\varphi\}\, d\varphi \ .$$

$$= -R_2 \cdot r^3 \cdot \frac{1}{4}\left(\frac{\pi}{2} - 1\right) + V_m \cdot r^3 \cdot \frac{1}{4}\left(\frac{\pi}{2} + 1\right) \cdots \quad (2)$$

Zusammenfassung:

$$-R_2 \cdot r^3 \cdot \frac{1}{4}\left(\frac{\pi}{2} - 1\right) + V_m \cdot r^3 \cdot \frac{1}{4}\left(\frac{\pi}{2} - 1\right) + V_m \cdot r^3 \cdot \frac{1}{4}\left(\frac{\pi}{2} + 1\right) = 0.$$

Hieraus

$$V_m = R_2 \cdot 0{,}1817.$$

Teilbelastung IIa (Abb. 148).

Unbekannt die Querkraft V_n. Der Belastungszustand ist derselbe wie bei der Teilbelastung Ib. Daher hat man wie vorher ohne weiteres

$$V_n = R_3 \cdot 0{,}1817.$$

Teilbelastung IIb (Abb. 149).

Der Fall ist statisch bestimmt. Die Querkräfte V_m und V_n betragen

$$V_m = V_n = R_4 \cdot \frac{\sqrt{2}}{2} = R_4 \cdot 0{,}7071.$$

Es werden nunmehr die Momente an dem ganzen Ring bei jeder Teilbelastung aufgestellt und nachher einfach sinngemäß addiert.

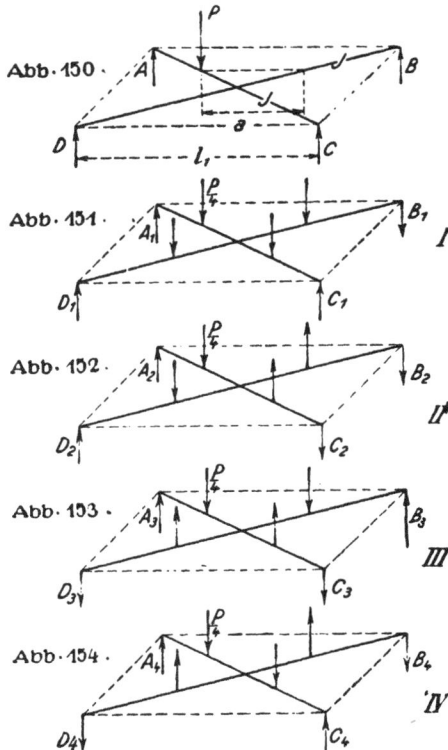

Abb. 150.

Abb. 151. I

Abb. 152. II

Abb. 153. III

Abb. 154. IV

Beispiel 27. Ein Tragwerk nach Abbildung 150, bestehend aus zwei über Kreuz gelegten durchgehenden Trägern.

Die Trägheitsmomente der Träger sind einander gleich und unveränderlich. Einer derselben werde durch P einseitig belastet.

Das Gebilde ist senkrecht zur wagerechten Ebene unverschieblich, also steif. Somit sind die Auflagerdrucke statisch unbestimmbar. Wegen der Symmetrie der Konstruktion erscheint nur eine einzige statisch unbestimmte Größe. Als Unbekannte führt man zweckmäßig den Auflagerdruck $B = D$ des unbelasteten Trägers ein.

Wir ordnen die Belastung durch P um in die Teilbelastungen I, II, III und IV. Abb. 151, 152, 153 und 154. Die drei ersten Fälle sind statisch bestimmbar, bei der Teilbelastung IV jedoch ist die Verteilung der Last P auf die vier Auflager abhängig von den Elastizitätsgesetzen. Die Ermittlung gestaltet sich jedoch recht einfach, weil wegen der Symmetrie der Konstruktion und der Belastung alle vier Auflagerdrucke der Größe nach einander gleich sind. Verschieden sind nur ihre Richtungen.

Wir betrachten ein Viertel des Systems, also eine Hälfte eines Trägers und finden nach Abb. 155

$$A_4 = B_4 = C_4 = D_4 = \frac{P}{4} \cdot \frac{a^2}{2 \cdot l_1^3} (3 \cdot l_1 - a).$$

Wir können nunmehr an Hand der Abb. 151 bis 154 sämtliche Auflagerdrucke, wie sie bei der Abb. 150 eintreten, ohne weiteres anschreiben:

$$A = \frac{P}{4} + \frac{P}{4} \cdot \frac{a}{l_1} + \frac{P}{4} \cdot \frac{a}{l_1} + \frac{P}{4} \cdot \frac{a^2}{2 \cdot l_1^3} (3 \cdot l_1 - a)$$

$$= \frac{P}{4} \left(1 + \frac{2 \cdot a}{l_1}\right) + \frac{P}{4} \cdot \frac{a^2}{2 \cdot l_1^3} (3 \cdot l_1 - a).$$

$$B = \frac{P}{4} - \frac{P}{4} \cdot \frac{a}{l_1} + \frac{P}{4} \cdot \frac{a}{l_1} - \frac{P}{4} \cdot \frac{a^2}{2 \cdot l_1^3} (3 \cdot l_1 - a)$$

$$= \frac{P}{4} - \frac{P}{4} \cdot \frac{a^2}{2 \cdot l_1^3} (3 \cdot l_1 - a).$$

$$C = \frac{P}{4} - \frac{P}{4} \cdot \frac{a}{l_1} - \frac{P}{4} \cdot \frac{a}{l_1} + \frac{P}{4} \cdot \frac{a^2}{2 \cdot l_1^3} (3 \cdot l_1 - a)$$

$$= \frac{P}{4} \left(1 - \frac{2 \cdot a}{l_1}\right) + \frac{P}{4} \cdot \frac{a^2}{2 \cdot l_1^3} (3 \cdot l_1 - a).$$

$$D = \frac{P}{4} + \frac{P}{4} \cdot \frac{a}{l_1} - \frac{P}{4} \cdot \frac{a}{l_1} - \frac{P}{4} \cdot \frac{a^2}{2 \cdot l_1^3} (3 \cdot l_1 - a)$$

$$= \frac{P}{4} - \frac{P}{4} \cdot \frac{a^2}{2 \cdot l_1^3} (3 \cdot l_1 - a).$$

Es möge einmal sein $a = \frac{l_1}{2}$, dann wird

$$A = \frac{P}{2} + \frac{5 \cdot P}{64} = \frac{37}{64} \cdot P \qquad C = \qquad + \frac{5 \cdot P}{64} = \frac{5}{64} \cdot P$$

$$B = \frac{P}{4} - \frac{5 \cdot P}{64} = \frac{11}{64} \cdot P \qquad D = \frac{P}{4} - \frac{5 \cdot P}{64} = \frac{11}{64} \cdot P.$$

Auf Grund der vorstehend ermittelten Auflagerdrucke wurden die Momente an den Trägern aufgestellt. Auftragung derselben siehe Abb. 156.

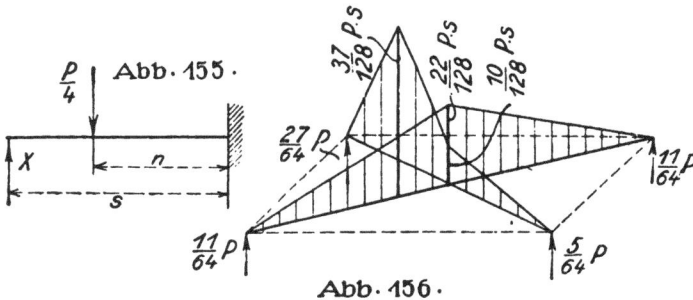

Abb. 155.

Abb. 156.

Beispiel 28. Eine Gebäudedecke nach Abbildung 157.

Die sich kreuzenden Träger sind durchlaufend und ruhen mit ihren Enden auf den Wandauflagern. Das System werde durch die Last P einseitig in Anspruch genommen.

Die Aufgabe ist vierfach äußerlich statisch unbestimmt. Als fragliche Größen führt man zweckmäßig die Auflagerdrucke X_a, X_b, X_c und X_d ein. Die Lösung in der üblichen Weise, indem man vier Elastizitätsgleichungen mit vier Unbekannten aufstellt, erfordert Bemühungen, die über das Maß des Zuträglichen weit hinausgehen.

Wir ordnen die Belastung um in die Teilbelastungen I, II, III und IV. Abb. 158, 159, 160 und 161. Bei jeder Teilbelastung haben wir nur eine einzige statisch unbestimmte Größe. Wir bezeichnen sie der Reihe nach mit X_1, X_2, X_3 und X_4. Jede Unbekannte wird jedesmal selbständig für sich ermittelt. Für die Berechnung kann, wie immer, die Bedingungsgleichung benutzt werden

$$\int \frac{M_x}{J \cdot E} \cdot \frac{\partial M_x}{\partial X} \cdot dx = 0.$$

4*

Hierbei ist der außerordentliche Vorteil zu beachten, daß sich die Integration bei jeder Teilbelastung nur ein Viertel des ganzen Systems erstrecken.

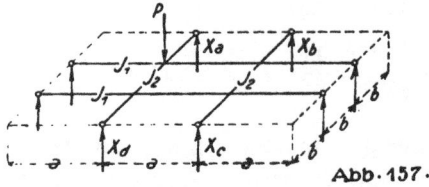

Abb. 157.

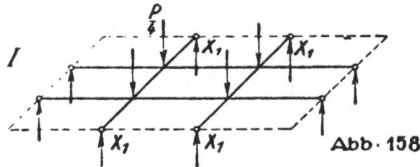

I   Abb. 158

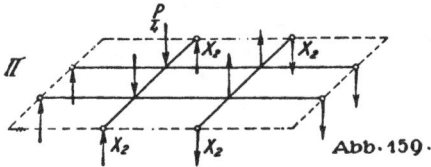

II   Abb. 159.

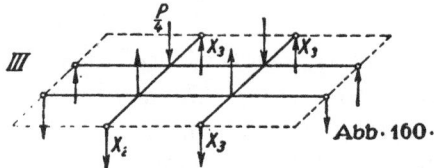

III   Abb. 160.

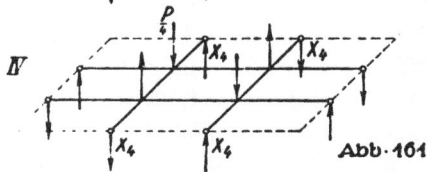

IV   Abb. 161

Die Rechnung ergibt folgende Resultate:

Teilbelastung I:

$$X_1 = \frac{P \cdot a^3}{4\left(a^3 + b^3 \cdot \dfrac{J_1}{J_2}\right)}.$$

Teilbelastung II:

$$X_2 = \frac{P \cdot a^3}{4\left(a^3 + 15 \cdot b^3 \cdot \dfrac{J_1}{J_2}\right)}.$$

Teilbelastung III:

$$X_3 = \frac{P \cdot a^3}{4\left(3 \cdot a^3 + \dfrac{b^3}{5} \cdot \dfrac{J_1}{J_2}\right)}.$$

Teilbelastung IV:

$$X_4 = \frac{P \cdot a^3}{4\left(3 \cdot a^3 + 3 \cdot b^3 \cdot \dfrac{J_1}{J_2}\right)}.$$

Es werde einmal angenommen $a = b$ und $J_1 = J_2$, dann erhält man

$$X_1 = \frac{P}{8}, \quad X_2 = \frac{P}{64}, \quad X_3 = \frac{5 \cdot P}{64}, \quad X_4 = \frac{P}{24},$$

wonach sich folgende tatsächliche Auflagerdrucke ergeben

$$X_a = \frac{25}{96} \cdot P, \quad X_b = \frac{14}{96} \cdot P, \quad X_c = \frac{7}{96} \cdot P, \quad X_d = \frac{2}{96} \cdot P.$$

Damit sind auch die Auflagerdrucke an den anderen vier Träger-enden gegeben.

Nunmehr lassen sich leicht die Momente an den Trägern und, wenn nötig, auch die Querkräfte leicht berechnen. In der Abb. 162 sind die Momente übersichtlich aufgetragen.

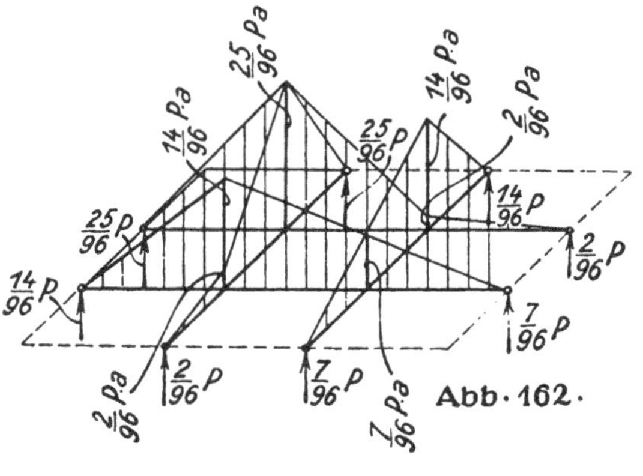

Abb. 162.

Wie früher wiederholt bemerkt, kann das Verfahren der Belastungsumordnung auch angewendet werden, wenn statt einer Last mehrere Lasten und wenn an Stelle von Einzellasten teilweise gleichförmige Belastungen vorhanden sind. Die Entwicklung der Teilbelastungen ist stets nur eine Wiederholung oder Erweiterung der Aufgabe über eine Einzellast.

Beispiel 29. Ein Tragwerk aus sich kreuzenden durchlaufenden Trägern nach Abbildung 163.

Das System ist rechteckig, ruht auf den vier Eckpunkten und ist in bezug auf die beiden Hauptmittelachsen symmetrisch ausgebildet. Die Last P greift einseitig an.

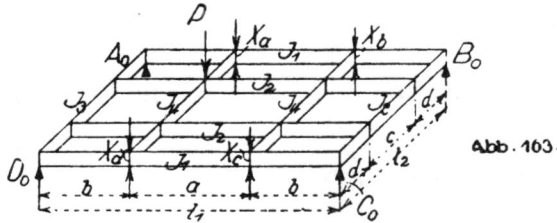

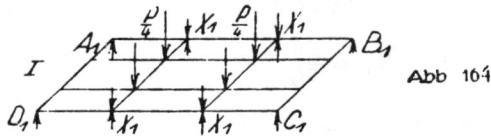

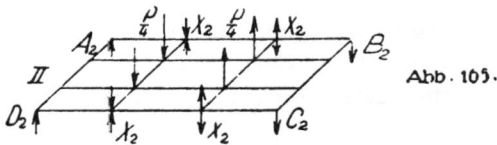

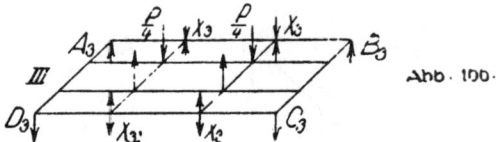

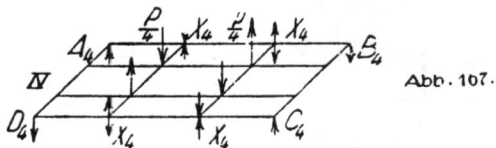

Abb. 163

Abb. 164

Abb. 165.

Abb. 166.

Abb. 167.

Die Aufgabe ist wieder vierfach statisch unbestimmt. Als fragliche Größen führt man zweckmäßig die Reaktionen der Endpunkte der mittleren Querträger an den äußeren Längsträgern ein. Die Größen werden mit X_a, X_b, X_c und X_d benannt. Die Auflagerdrucke des Tragwerkes, die in der Abbildung mit A_0, B_0, C_0 und D_0 bezeichnet wurden, sind statisch bestimmbar.

Der übliche Weg zur Lösung liefert vier Elastizitätsgleichungen mit vier Unbekannten. Erschwerend ist der Umstand, daß die Ermittlungen sich über das ganze Tragwerk erstrecken. Die Rechnung ist in dieser Weise kaum durchführbar.

Wir stellen nun wieder die Teilbelastungen I, II, III und IV auf. Abb. 164, 165, 166 und 167. Infolge der Symmetrie der einzelnen Belastungszustände ist der statische Sachverhalt immer ein sehr einfacher. Dazu kommt der Vorteil, daß sich die Ermittlungen bei jedem Fall nur über ein Viertel des Tragwerkes erstrecken. Die fraglichen vier Reaktionen der Querträgerendpunkte an den Längsträgern werden bei jeder Teilbelastung jeweilig untereinander gleich. Bei der Teilbelastung I haben wir die vier gleichen Größen X_1, bei der Teilbelastung II die vier gleichen Größen X_2, und so fort. Sämtliche vier Unbekannten sind infolge der Belastungsumordnung unabhängig voneinander geworden, so daß für jede Größe eine selbständige Elastizitätsgleichung mit einer Unbekannten aufgestellt werden kann.

Nimmt man an, daß die Träger aus vollwandigen Querschnitten gebildet werden, dann kann die Berechnung wieder nach den bekannten Bedingungsgleichungen erfolgen:

Teilbelastung I:

$$\int \frac{M_x}{J \cdot E} \cdot \frac{\partial M_x}{\partial X_1} \cdot dx = 0.$$

Teilbelastung II:

$$\int \frac{M_x}{J \cdot E} \cdot \frac{\partial M_x}{\partial X_2} \cdot dx = 0.$$

Teilbelastung III:

$$\int \frac{M_x}{J \cdot E} \cdot \frac{\partial M_x}{\partial X_3} \cdot dx = 0.$$

Teilbelastung IV:

$$\int \frac{M_x}{J \cdot E} \cdot \frac{\partial M_x}{\partial X_4} \cdot dx = 0.$$

Die Auflagerdrucke des Tragwerkes entwickeln sich nach den Teilbelastungen:

$$A_0 = \frac{P}{4} + \frac{P}{4} \cdot \frac{a}{l_1} + \frac{P}{4} \cdot \frac{c}{l_2} + \frac{P}{4} \cdot \frac{a}{l_1} \cdot \frac{c}{l_2}$$

$$= \frac{P}{4} \left(1 + \frac{a}{l_1}\right) \left(1 + \frac{c}{l_2}\right).$$

$$B_0 = \frac{P}{4} - \frac{P}{4} \cdot \frac{a}{l_1} + \frac{P}{4} \cdot \frac{c}{l_2} - \frac{P}{4} \cdot \frac{a}{l_1} \cdot \frac{c}{l_2}$$

$$= \frac{P}{4}\left(1 - \frac{a}{l_1}\right)\left(1 + \frac{c}{l_2}\right).$$

$$C_0 = \frac{P}{4} - \frac{P}{4} \cdot \frac{a}{l_1} - \frac{P}{4} \cdot \frac{c}{l_2} + \frac{P}{4} \cdot \frac{a}{l_1} \cdot \frac{c}{l_2}$$

$$= \frac{P}{4}\left(1 - \frac{a}{l_1}\right)\left(1 - \frac{c}{l_2}\right).$$

$$D_0 = \frac{P}{4} + \frac{P}{4} \cdot \frac{a}{l_1} - \frac{P}{4} \cdot \frac{c}{l_2} - \frac{P}{4} \cdot \frac{a}{l_1} \cdot \frac{c}{l_2}$$

$$= \frac{P}{4}\left(1 + \frac{a}{l_1}\right)\left(1 - \frac{c}{l_2}\right).$$

In den Abb. 168 bis 172 sind die an den einzelnen Trägern wirkenden Kräfte bei der Teilbelastung II veranschaulicht.

Man erhält nach den obigen Bedingungsgleichungen:

Teilbelastung I:

$$X_1 = \frac{P}{4} \cdot \frac{b^2(3 \cdot a + 2 \cdot b) + d^2(3 \cdot c + 2 \cdot d) \cdot \dfrac{J_2}{J_3}}{b^2(3 \cdot a + 2 \cdot b)\left(\dfrac{J_2}{J_1} + 1\right) + d^2(3 \cdot c + 2\,d)\left(\dfrac{J_2}{J_3} + \dfrac{J_2}{J_4}\right)}.$$

Teilbelastung II:

$$X_2 = \frac{P}{4} \cdot \frac{b^2(a + 2 \cdot b) + d^2(3 \cdot c + 2 \cdot d) \cdot \dfrac{J_2}{J_3}}{b^2(a + 2 \cdot b)\left(\dfrac{J_2}{J_1} + 1\right) + d^2(3 \cdot c + 2 \cdot d)\left(\dfrac{J_2}{J_3} + \dfrac{l_1^2}{a^2} \cdot \dfrac{J_2}{J_4}\right)}.$$

Teilbelastung III:

$$X_3 = \frac{P}{4} \cdot \frac{\dfrac{b^2 \cdot l_2}{c}(3 \cdot a + 2 \cdot b) + \dfrac{c \cdot d^2}{l_2}(c + 2 \cdot d) \cdot \dfrac{J_2}{J_3}}{b^2(3 \cdot a + 2 \cdot b)\left(\dfrac{J_2}{J_1} + \dfrac{l_2^2}{c^2}\right) + d^2(c + 2 \cdot d)\left(\dfrac{J_2}{J_3} + \dfrac{J_2}{J_4}\right)}.$$

Teilbelastung IV:

$$X_4 = \frac{P}{4} \cdot \frac{\dfrac{b^2 \cdot l_2}{c}(a + 2 \cdot b) + \dfrac{c \cdot d^2}{l_2}(c + 2 \cdot d) \cdot \dfrac{J_2}{J_3}}{b^2(a + 2 \cdot b)\left(\dfrac{J_2}{J_1} + \dfrac{l_2^2}{c^2}\right) + d^2(c + 2 \cdot d)\left(\dfrac{J_2}{J_3} + \dfrac{l_1^2}{a^2} \cdot \dfrac{J_2}{J_4}\right)}.$$

Es möge einmal ein Zahlenbeispiel angenommen werden mit $a = 3$ m, $b = 2$ m, $c = 1,5$ m, $d = 1$ m. $J_1 = J_2 = J_3 = J_4$. Dann ergibt sich nach den oben angeschriebenen Formeln:

$$A_0 = \frac{P}{4}\left(1 + \frac{3}{7}\right)\left(1 + \frac{1,5}{3,5}\right) = P \cdot 0,510$$

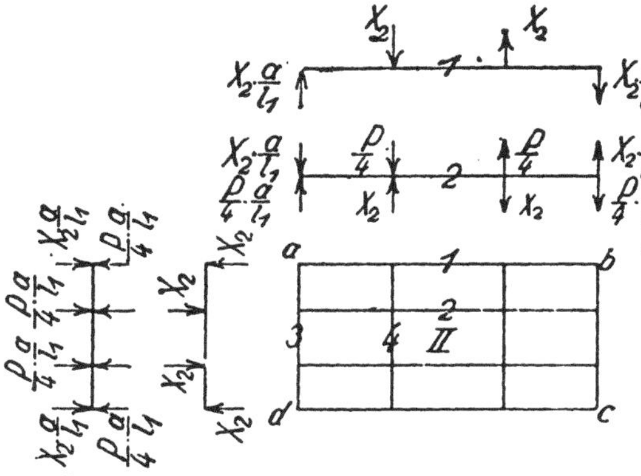

Abb. 170.

Abb. 169.

Abb. 168.

Abb. 172.   Abb. 171

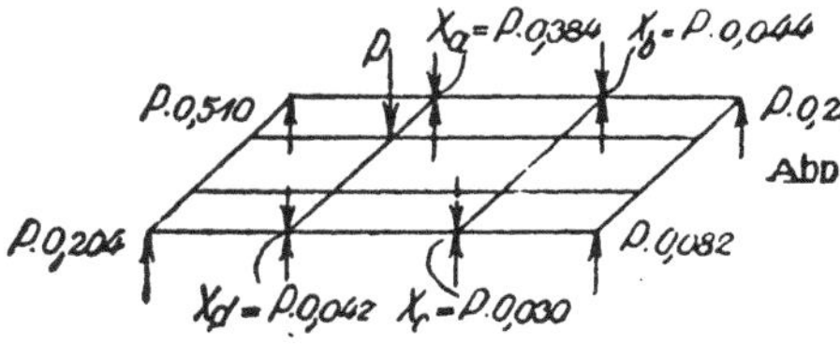

Abb. 172 a.

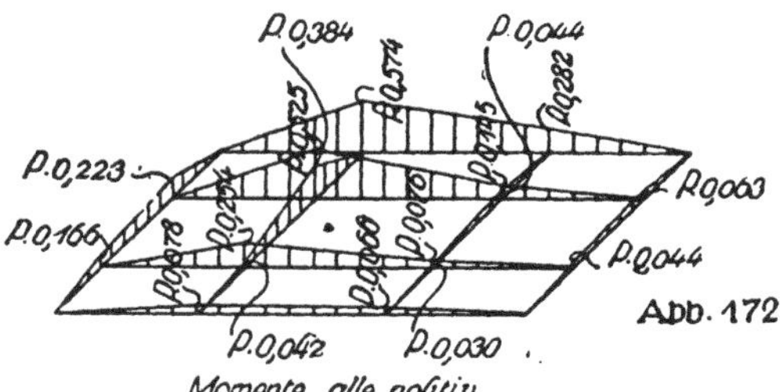

Abb. 172 b.

Momente alle positiv

$$B_0 = \frac{P}{4}\left(1 - \frac{3}{7}\right)\left(1 + \frac{1,5}{3,5}\right) = P \cdot 0,204$$

$$C_0 = \frac{P}{4}\left(1 - \frac{3}{7}\right)\left(1 - \frac{1,5}{3,5}\right) = P \cdot 0,082$$

$$D_0 = \frac{P}{4}\left(1 + \frac{3}{7}\right)\left(1 - \frac{1,5}{3,5}\right) = P \cdot 0,204.$$

Sodann liefern die Gleichungen für die statisch unbestimmten Größen

$$X_1 = \frac{P}{4} \cdot \frac{4\,(3 \cdot 3 + 2 \cdot 2) + 1\,(3 \cdot 1,5 + 2 \cdot 1)}{4\,(3 \cdot 3 + 2 \cdot 2) \cdot 2 + 1\,(3 \cdot 1,5 + 2 \cdot 1) \cdot 2} = P \cdot 0,125$$

$$X_2 = \frac{P}{4} \cdot \frac{4\,(3 + 2 \cdot 2) + 1\,(3 \cdot 1,5 + 2 \cdot 1)}{4\,(3 + 2 \cdot 2) \cdot 2 + 1\,(3 \cdot 1,5 + 2 \cdot 1)\left(1 + \frac{49}{9}\right)} = P \cdot 0,088$$

$$X_3 = \frac{P}{4} \cdot \frac{\frac{4 \cdot 3,5}{1,5}\,(3 \cdot 3 + 2 \cdot 2) + \frac{1,5 \cdot 1}{3,5}\,(1,5 + 2 \cdot 1)}{4\,(3 \cdot 3 + 2 \cdot 2)\left(1 + \frac{12,25}{2,25}\right) + 1\,(1,5 + 2 \cdot 1)\,2} = P \cdot 0,089$$

$$X_4 = \frac{P}{4} \cdot \frac{\frac{4 \cdot 3,5}{1,5}\,(3 + 2 \cdot 2) + \frac{1,5 \cdot 1}{3,5}\,(1,5 + 2 \cdot 1)}{4\,(3 + 2 \cdot 2)\left(1 + \frac{12,25}{2,25}\right) + 1\,(1,5 + 2 \cdot 1)\left(1 + \frac{49}{9}\right)} = P \cdot 0,082.$$

Die tatsächlich wirksamen Reaktionen X_a, X_b, X_c und X_d ergeben sich durch entsprechende sinngemäße Zusammensetzung der ermittelten Teilgrößen. Man erhält

$$X_a = P\,(0,125 + 0,088 + 0,089 + 0,082) = P \cdot 0,384,$$
$$X_b = P\,(0,125 - 0,088 + 0,089 - 0,082) = P \cdot 0,044,$$
$$X_c = P\,(0,125 - 0,088 - 0,089 + 0,082) = P \cdot 0,030,$$
$$X_d = P\,(0,125 + 0,088 - 0,089 - 0,082) = P \cdot 0,042.$$

Die Werte sind in der Abb. 172a anschaulich eingetragen.

Es lassen sich nunmehr die an dem Tragwerk wirksamen Momente und Querkräfte leicht feststellen. Man ermittelt die Größen zunächst bei jeder Teilbelastung und setzt die Ergebnisse nachher sinngemäß zusammen. Die Endwerte bezüglich der Momente wurden in der Abb. 172b übersichtlich aufgetragen.

Beispiel 30. Ein wagerecht auf vier Stützen ruhender Ring nach Abbildung 173a, belastet einseitig durch P.

Die Aufgabe stellt ein Problem dar. Es treten hier keine einfachen Biegungen mehr auf; die Inanspruchnahme des Tragwerks läßt sich am besten mit dem Ausdruck „Verwinden" kennzeichnen. Der Fall ist praktisch von großer Bedeutung, und es erscheint geboten, eine verständliche und leicht anwendbare Lösung für ihn zu suchen. Eine streng genaue Berechnung läßt sich allerdings kaum aufstellen; man wird sich damit begnügen müssen, der Aufgabe näherungsweise beizukommen.

In der Abb. 173a ist der Querschnitt des Ringes dargestellt. Er besteht demnach aus einer senkrechten Trägerwand und zwei wagerechten Flanschen. Unter der Voraussetzung, daß in jedem Punkte des Bogens in den beiden wagerechten Wänden bestimmte radial gerichtete Kräfte t wirksam sind, verhält sich die senkrechte Wand statisch wie ein gewöhnlicher Balken, und man kann sie in die Ebene ausgestreckt denken.

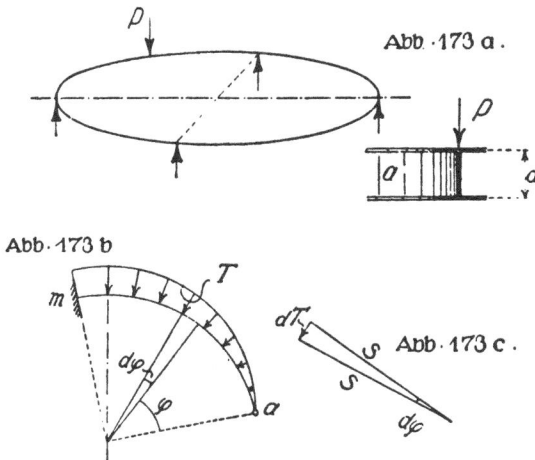

Abb. 173 a.

Abb. 173 b

Abb. 173 c.

Ein bei m eingespanntes Bogenstück möge nach Abb. 173b senkrecht zur Bildebene im Endpunkte bei a mit der Kraft P in Anspruch genommen werden. Dann beträgt das Moment an einer beliebigen Stelle, wenn s die Bogenlänge von a aus bedeutet,

$$M_\varphi = P \cdot s = P \cdot r \cdot \varphi.$$

Bezeichnet a die Trägerhöhe nach Abb. 173a, dann betragen die Gurtspannkräfte an dieser Stelle

$$S = \frac{M_\varphi}{a} = \frac{P \cdot r}{a} \cdot \varphi.$$

Sie bedingen in jedem Bogenquerschnitt die oben erwähnte radial gerichtete Kraft t.

Denkt man sich nach Abb. 173c ein unendlich kleines Stück des Bogens $ds = r \cdot d\varphi$, so beträgt hierfür die Radialkraft

$$dT = S \cdot d\varphi$$

oder

$$dT = \frac{M_\varphi}{a} \cdot d\varphi$$

und

$$T = \frac{1}{a} \int M_\varphi \cdot d\varphi.$$

Unser Ring stellt somit ein stabiles Tragwerk dar, wenn die vorstehend gekennzeichneten Kräfte t aufgebracht werden können. Das ist in der Tat der Fall, und zwar durch die wagerechten Widerstände der beiden Flanschen des Ringquerschnittes. Die Kräfte sind oben und unten stets entgegengesetzt gerichtet.

Auf dieser Grundlage ließe sich eine Berechnung des Ringes durchführen. Wir hätten im weiteren dann eigentlich nur noch eine Ringaufgabe ähnlicher Art zu lösen, wie wir sie früher bereits weitgehend behandelt haben. Aber wie wir schon häufiger sehen konnten, daß die Lösung der Aufgaben nach dem üblichen Verfahren meistens ungemeine Schwierigkeiten mit sich brachte, so müssen wir in diesem Falle feststellen, daß dieser Weg wegen seiner ungeheuren Kompliziertheit überhaupt nicht gegangen werden kann. Außerordentlich einfach gestaltet sich jedoch das Exempel wieder, wenn wir das Verfahren der Belastungsumordnung zur Anwendung bringen. Die Lösung möge nachstehend kurz dargelegt werden.

Wir ordnen die Belastung durch P um in die vier Teilbelastungen I, II, III und IV der Abb. 174, 175, 176 und 177.

Teilbelastung I (Abb. 174).

Die vier äußeren Auflagerdrucke betragen je $\frac{P}{4}$. Die radialen Kräfte t verlaufen wie die Momente, die an der senkrechten Tragwand wirken. Es kommen dieselben Momente zustande wie bei einem beiderseitig eingespannten in der Mitte mit $\frac{P}{4}$ belasteten Balken. Die Trägerlänge hierbei ist die Länge des Viertelringbogens, so daß sich der beiderseitig eingespannte Balken viermal im durchlaufenden Zuge wiederholt.

Die gewöhnlichen Balkenmomente der senkrechten Trägerwand sind also bekannt. Entsprechend verlaufen, wie gesagt, die radialen Kräfte t, die die wagerechten Ringwände in Anspruch nehmen. Es ist nach oben

$$dT = \frac{M_\varphi}{a} \cdot d\varphi$$

und

$$T = \frac{1}{a} \int M_\varphi \cdot d\varphi.$$

Die Abb. 179 zeigt die zur Wirkung kommenden Kräfte t. Die Untersuchung des Ringes für diese Inanspruchnahme gestaltet sich überaus einfach. Der Fall ist nämlich statisch bestimmbar, und zwar wegen der vollkommenen Symmetrie der Belastung. An den Stellen 0 liegen die Wendepunkte der elastischen Linie, so daß hier Gelenke gedacht werden können. Faßt man das Bogenstück 0 — a — 0 ins Auge

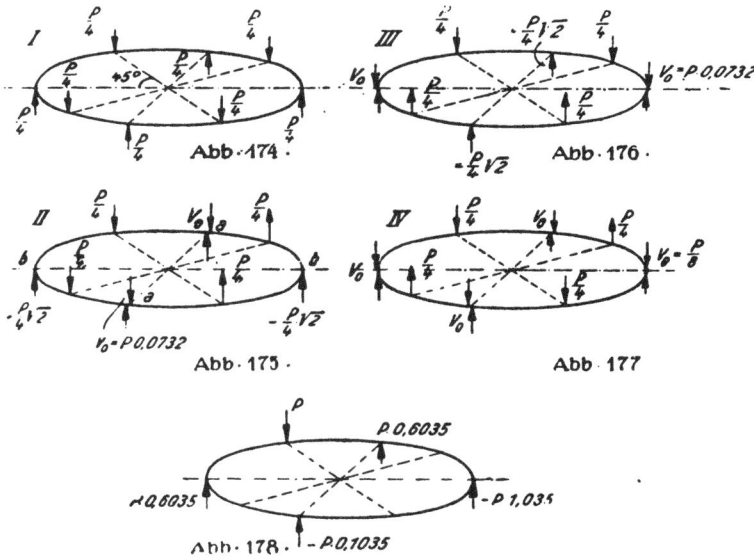

Abb. 174.

Abb. 176.

Abb. 175.

Abb. 177

Abb. 178.

und bezeichnet R die Mittelkraft aus allen radial gerichteten Kräften t, so wirken in den Gelenken die Reaktionen K, die ebenfalls radial gerichtet sein müssen und deren Größe mit dem Kräfteplan 179a gefunden wird. Hiermit können ohne weiteres die Momente an dem Ringe und, wenn nötig, auch die Normal- und Querkräfte ermittelt werden.

Teilbelastung II. Abb. 175.

Die Symmetrie der Formänderung bedingt, daß in den Punkten a keine Auflagerdrucke zustande kommen. Reaktionen treten nur an den Stellen bei b auf. Die Größen sind beiderseits gleich, nur entgegengesetzt gerichtet und betragen

$$\pm 2 \cdot \frac{P}{4} \cdot \frac{r \cdot \sqrt{2}}{2 \cdot r} = \pm \frac{P}{4} \cdot \sqrt{2}.$$

In den Querschnitten bei a treten Querkräfte V_0 auf, die sich einfach aus der Bedingung ergeben, daß die Summe aller vertikalen Kräfte an einer Ringhälfte gleich Null sein muß:

$$2 \cdot \frac{P}{4} - \frac{P}{4} \cdot \sqrt{2} - 2 \cdot V_0 = 0.$$

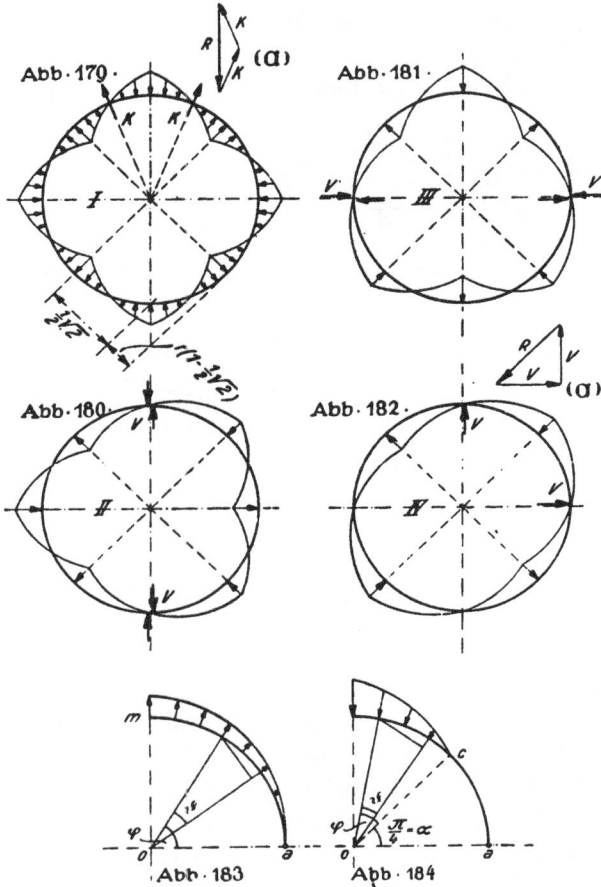

Abb·170·

Abb·181·

Abb·180·

Abb·182·

Abb·183

Abb·184

Hiernach

$$V_0 = \frac{P}{4} \cdot 0{,}2929 = P \cdot 0{,}0732.$$

Hiermit sind die Momente in der senkrechten Ringwand und als Folge davon auch die radialen Kräfte t in den wagerechten Ringebenen gegeben. Siehe schematische Darstellung der Kräfte in der Abb. 180.

Der Ring ist für diese Belastung einfach statisch unbestimmt. Als Unbekannte erscheint die Querkraft V.

Teilbelastung III (Abb. 176).

Derselbe Fall wie Teilbelastung II, nur um 90⁰ gedreht.

Die Größe V möge nachstehend ermittelt werden.

Wegen der Symmetrie der Belastung erstrecken sich die Ermittlungen nur über ein einziges Ringviertel. Da sich die Kräfte t nicht gut in dem Verlaufe, wie sie in der Abb. 181 wirksam sind, behandeln lassen, betrachtet man sie besser einmal wie sie aus der Querkraft $V_0 = P \cdot 0{,}0732$ entstehen und das andere Mal als Folge von $\dfrac{P}{4}$ im Punkte c. Die Zerlegung ist in den Abb. 183 und 184 vorgenommen. Es sei darauf aufmerksam gemacht, daß die Summe der Vertikalkomponenten aus den Kräften t bei beiden Belastungszuständen gleich Null sein muß. Das leuchtet ohne weiteres ein, da im Ringquerschnitt bei a keine Normalkraft auftritt.

Die statisch unbestimmte Querkraft V ermittelt sich aus der Bedingung, daß die Summe der elastischen Verschiebungen des Punktes a in Richtung von V gleich Null sein muß.

1. Wirkung der Kräfte t, die entstehen aus der Querkraft $V_0 = P \cdot 0{,}0732$. Abb. 183.

Man erhält die Verschiebung des Punktes a in Richtung von V, also wagerecht, wenn man die Momente aus den Kräften t mit ihren Hebelarmen, senkrecht zur Verschiebung gemessen, multipliziert. Nach früher war die Summe T der radialen Kräfte t über ein Bogenstück

$$T = \frac{1}{a} \int M_\varphi \cdot d\varphi.$$

Oder ein unendlich kleines Kraftelement

$$dT = \frac{1}{a} \cdot M_\varphi \cdot d\varphi,$$

Das Moment eines solchen Kraftelementes in bezug auf eine Ringstelle unter dem Winkel φ ist

$$dM_\gamma = \frac{1}{a} \cdot M_\varphi \cdot d\varphi \cdot r \cdot \sin \delta$$

$$= \frac{P \cdot 0{,}2929}{4 \cdot a} \cdot r^2 \cdot (\varphi - \delta) \sin \delta \cdot d\delta.$$

Oder

$$M_\varphi = \frac{P \cdot 0{,}2929 \cdot r^2}{4 \cdot a} \int\limits_0^\varphi (\varphi - \delta) \sin \delta \cdot d\delta$$

$$= \frac{P \cdot 0{,}2929 \cdot r^2}{4 \cdot a} (\varphi - \sin \varphi).$$

Die unendlich kleine Fläche des Momentes ist

$$dF = \frac{P \cdot 0{,}2929 \cdot r^3}{4 \cdot a} (\varphi - \sin \varphi) \, d\varphi.$$

Der Hebelarm der Fläche, bezogen auf die Basis $0 - a$, hat den Wert $r \cdot \sin \varphi$. Infolgedessen beträgt die Verschiebung des Punktes a aus der Wirkung von dF

$$dF \cdot r \cdot \sin \varphi.$$

Oder die Gesamtverschiebung

$$\delta_a' = \int\limits_0^{\frac{\pi}{2}} dF \cdot r \cdot \sin \varphi = \frac{P \cdot 0{,}2929 \cdot r^4}{4 \cdot a} \int\limits_0^{\frac{\pi}{2}} (\varphi - \sin \varphi) \sin \varphi \cdot d\varphi.$$

Das Integral liefert

$$\delta_a' = \frac{P \cdot 0{,}2929 \cdot r^4}{4 \cdot a} \left(1 - \frac{\pi}{4}\right) = \frac{P \cdot 0{,}2929 \cdot r^4}{4 \cdot a} \cdot 0{,}2146.$$

2. Wirkung der Kräfte t aus der Last $\frac{P}{4}$ im Punkte c. Abb. 184.

Man hat wieder

$$T = \frac{1}{a} \int M_\varphi \cdot d\varphi$$

und

$$dT = \frac{1}{a} \cdot M_\varphi \cdot d\varphi.$$

Das Moment eines solchen Kraftelementes in bezug auf eine Ringstelle unter dem Winkel φ ist wie oben

$$d M_\varphi = \frac{1}{a} \cdot M_\varphi \cdot d\varphi \cdot r \cdot \sin \delta$$

$$= \frac{P \cdot r^2}{4 \cdot a} (\varphi - \delta) \sin \delta \cdot d\delta$$

oder

$$M_\varphi = \frac{P \cdot r^2}{4 \cdot a} \int\limits_0^\varphi (\varphi - \delta) \sin \delta \cdot d\delta$$

$$= \frac{P \cdot r^2}{4 \cdot a} (\varphi - \sin \varphi).$$

Die unendlich kleine Fläche des Momentes ist

$$dF = \frac{P \cdot r^3}{4 \cdot a} (\varphi - \sin \varphi) \, d\varphi.$$

Der Hebelarm der Fläche, bezogen auf die Basis $0 - a$, beträgt $r \cdot \sin (a + \varphi)$. Man hat mithin eine Verschiebung des Punktes a aus der Wirkung von dF

$$dF \cdot r \cdot \sin (a + \varphi).$$

Oder eine Gesamtverschiebung von

$$\delta_a'' = \frac{P \cdot r^4}{4 \cdot a} \int\limits_0^{\frac{\pi}{4}} (\varphi - \sin \varphi) \sin (a + \varphi) \, d\varphi.$$

Das Integral liefert

$$\delta_a'' = \frac{P \cdot r^4}{4 \cdot a} \cdot 0{,}0152,$$

3. Wirkung der statisch unbestimmten Größe V.

In ähnlicher Weise wie vorher erhält man

$$\delta_a''' = V \cdot r^3 \cdot \frac{\pi}{4} = V \cdot r^3 \cdot 0{,}7854.$$

Es muß sein

$$\delta_a' - \delta_a'' - \delta_a''' = 0.$$

Oder

$$P \cdot \frac{0{,}2929 \cdot r^4}{4 \cdot a} \cdot 0{,}2146 - P \cdot \frac{r^4}{4 \cdot a} \cdot 0{,}0152 - V \cdot r^3 \cdot 0{,}7854 = 0.$$

Hieraus die gesuchte Größe

$$V = \frac{P \cdot r}{4 \cdot a} \cdot 0{,}0477.$$

Nach Kenntnis des Wertes lassen sich die Momente an dem Ring nunmehr leicht aufstellen.

Teilbelastung IV (Abb. 177).

Bei diesem Fall treten äußere Auflagerkräfte nicht in die Erscheinung. Wegen der Symmetrie der Belastung kommen in den vier Punkten a und b die Querkräfte $V_0 = \dfrac{P}{8}$ zustande. Hiermit können die Momente an der senkrechten Tragwand des Ringes als gegeben vorausgesetzt werden, wonach dann auch der Ermittlung der Kräfte t nichts mehr im Wege steht. Die Belastung der beiden wagerechten Tragebenen durch die radialen Kräfte ist in der Abb. 182 dargestellt. Die Aufgabe ist wegen der Symmetrie der Belastung statisch bestimmbar. Man hat die Querkraft V, die sich auf Grund der Mittelkraft aus den Lasten t, wie der Kräftezug Abb. 182a zeigt, schnell ermitteln läßt. Die Mittelkraft bestimmt sich auf Grund der Beziehung

$$d\,T = \frac{1}{a} \cdot M_{\mathcal{T}} \cdot d\varphi.$$

Die entsprechende Seitenkomponente hierzu ist nämlich

$$d\,v = \frac{1}{a} \cdot M_{\mathcal{T}} \cdot d\varphi \cdot \sin\varphi,$$

damit

$$\Sigma v = R = \frac{1}{a} \int M_{\mathcal{T}} \cdot \sin\varphi \cdot d\varphi.$$

Alle Ermittlungen erstrecken sich nur über ein Ringviertel.

Nachdem man die Berechnung jeder Teilbelastung in der vorstehend dargelegten Weise durchgeführt hat, werden die Einzelergebnisse zusammengeworfen, da ja die Teilbelastungen zusammen wieder die Grundbelastung ergeben.

Es möge noch auf die Abb. 178 hingewiesen werden, wo die aus den Teilbelastungen gefundenen und dann zusammengesetzten Auflagerdrucke des Ringes eingetragen sind.

Die vorstehend mitgeteilte Berechnungsweise eines solchen auf Verwinden beanspruchten Ringes kommt der Wirklichkeit ziemlich nahe. Der Vorgang ist also so, daß der Querschnitt als Ganzes zunächst in der Weise in Anspruch genommen wird, daß der Ring in vertikaler Richtung die äußeren Kräfte aufzunehmen hat, und dabei Momente an ihm wirksam sind, wie wenn er in die Ebene ausgestreckt ist. Sodann aber werden die beiden wagerechten Tragwände noch durch Zusatzkräfte t in Anspruch genommen, die bedingt sind dadurch, daß der senkrecht tragende Querschnitt ja in Wirklichkeit im Bogen verläuft und dieser Kräfte bedarf, um nicht verdreht zu werden (Verwinden).

Beispiel 31. Eine biegungssteife rechteckige Platte nach Abbildung 185, an ihren vier Ecken gestützt und einseitig durch P belastet.

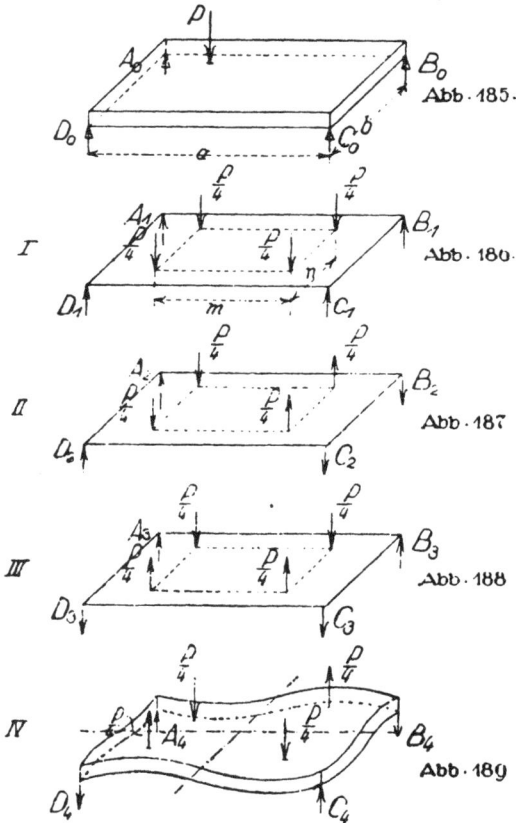

Abb. 185.
Abb. 186.
Abb. 187
Abb. 188
Abb. 189

Es wird vorausgesetzt, daß die Auflager sich nicht abheben können. Unter diesen Umständen ist die Aufgabe statisch unbestimmt, und zwar insofern, als die Auflagerdrucke abhängig sind von dem elastischen Verhalten des Tragkörpers.

Eine Lösung dieser höchst problematischen Aufgabe — Ermittlung der Auflagergrößen — dürfte wohl kaum möglich sein. Ganz abgesehen von dem Problem, das uns mit den Vorgängen im Innern der Platte gestellt wird. Selbst mit Hilfe des Verfahrens der Belastungsumordnung gelingt es nicht, der Aufgabe Herr zu werden. Aber unsere Methode hat einen großen Vorzug; während nämlich die übliche Behandlungsweise nur schwer einen Einblick in die statischen Vorgänge gewährt, durchleuchtet unser Verfahren den Fall ungemein klar und anschaulich und gibt uns erst eigentlich Aufschluß über das Wie und Weshalb dieses Problems.

Wir ordnen die Belastung durch P wieder um in die vier Teilbelastungen I, II, III und IV der Abb. 186, 187, 188 und 189.

Teilbelastung I.

Die Auflagerdrucke sind statisch bestimmbar.

$$A_1 = \frac{P}{4}, \quad B_1 = \frac{P}{4}, \quad C_1 = \frac{P}{4}, \quad D_1 = \frac{P}{4}.$$

Teilbelastung II.

Die Auflagerdrucke sind statisch bestimmbar.

$$A_2 = \frac{P}{4} \cdot \frac{m}{a}, \quad B_2 = -\frac{P}{4} \cdot \frac{m}{a}, \quad C_2 = -\frac{P}{4} \cdot \frac{m}{a}, \quad D_2 = \frac{P}{4} \cdot \frac{m}{a}.$$

Teilbelastung III.

Die Auflagerdrucke sind statisch bestimmbar.

$$A_3 = \frac{P}{4} \cdot \frac{n}{b}, \quad B_3 = \frac{P}{4} \cdot \frac{n}{b}, \quad C_3 = -\frac{P}{4} \cdot \frac{n}{b}, \quad D_3 = -\frac{P}{4} \cdot \frac{n}{b}.$$

Teilbelastung IV.

Dies ist der kritische Belastungszustand, der den statisch unbestimmten Charakter der Aufgabe bezüglich der Auflagerdrucke klar erkennen läßt. Die Größen sind, wie schon gesagt, abhängig von dem elastischen Verhalten der Platte. Obgleich die Formänderungen wegen der Symmetrie der Belastung einem verhältnismäßig einfachen Gesetze folgen, so dürfte es dennoch kaum möglich sein, sie auf eine brauchbare Formel zu bringen. Wir wollen die fraglichen Auflagerdrucke daher als unbekannt dahingestellt sein lassen und nunmehr die dem ursprünglichen Belastungszustand entsprechenden Eckdrucke anschreiben. Wir stellen also einfach die bei den einzelnen Teilbelastungen gefundenen Werte zusammen:

$$A_0 = \frac{P}{4} + \frac{P}{4} \cdot \frac{m}{a} + \frac{P}{4} \cdot \frac{n}{b} + A_4 = \frac{P}{4} \left\{ 1 + \frac{m}{a} + \frac{n}{b} \right\} + A_4$$

$$B_0 = \frac{P}{4} - \frac{P}{4} \cdot \frac{m}{a} + \frac{P}{4} \cdot \frac{n}{b} - B_4 = \frac{P}{4}\left\{1 - \frac{m}{a} + \frac{n}{b}\right\} - B_4$$

$$C_0 = \frac{P}{4} - \frac{P}{4} \cdot \frac{m}{a} - \frac{P}{4} \cdot \frac{n}{b} + C_4 = \frac{P}{4}\left\{1 - \frac{m}{a} - \frac{n}{b}\right\} + C_4$$

$$D_0 = \frac{P}{4} + \frac{P}{4} \cdot \frac{m}{a} - \frac{P}{4} \cdot \frac{n}{b} - D_4 = \frac{P}{4}\left\{1 + \frac{m}{a} - \frac{n}{b}\right\} - D_4.$$

Hierbei sind je zwei der statisch unbestimmten Größen einander gleich:
$$A_4 = C_4 \text{ und } B_4 = D_4.$$

Liegt die Last P auf der Diagonale des Rechteckes, dann hat man noch einfacher
$$A_4 = C_4 = B_4 = D_4.$$

Es ist dann auch $\dfrac{m}{a} = \dfrac{n}{b}$.

Es möge einmal die Annahme gemacht werden, daß die Ecken der Platte nicht auf festen Auflagern ruhen, sondern von sehr elastischen Federn gestützt sind. Dann würde sich folgendes ergeben: Auf die Teilbelastungen I, II und III hat die federnde Lagerung keinerlei Einfluß. Das heißt, es treten hierbei dieselben Auflagerdrucke ein wie vorher. Anders jedoch verhält es sich mit der Teilbelastung IV. Hier werden die statisch unbestimmten Auflagerdrucke durch einen weiteren Elastizitätsfaktor, nämlich die Nachgiebigkeit der Federn, wesentlich beeinflußt. Da wir jedoch vorausschickten, daß die Federn sehr elastisch sein sollen, und da andersseits die Platte eine große Steifigkeit besitzt, so können wir feststellen, daß bei dieser Sachlage der elastische Einfluß der Federn ein derart großer ist, daß irgendwelche Auflagerdrucke überhaupt nicht oder doch nur in ganz verschwindendem Maße zustande kommen. Wir lassen demnach die Größen A_4, B_4, C_4 und D_4 zu Null werden und haben dann einfach

$$A_0 = \frac{P}{4}\left\{1 + \frac{m}{a} + \frac{n}{b}\right\}$$

$$B_0 = \frac{P}{4}\left\{1 - \frac{m}{a} + \frac{n}{b}\right\}$$

$$C_0 = \frac{P}{4}\left\{1 - \frac{m}{a} - \frac{n}{b}\right\}$$

$$D_0 = \frac{P}{4}\left\{1 + \frac{m}{a} - \frac{n}{b}\right\}.$$

Beispiel 32. Ein Schwimmkranponton nach Abbildung 190.

Das Hauptsystem besteht aus vier gleichlaufenden Längsträgern mit zwei kopfabschließenden Querträgern. Im übrigen wird der Zusammenhalt der Träger durch quergerichtete Spanten herbeigeführt. Infolge der Deck- und Bodenhaut ist das Tragwerk senkrecht zur

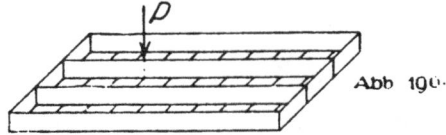

Abb 190.

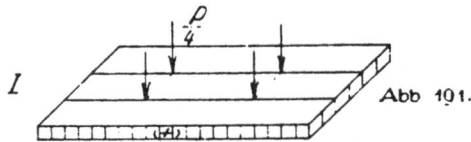

I   Abb 191.

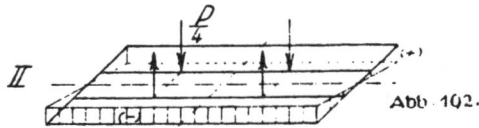

II   Abb 192.

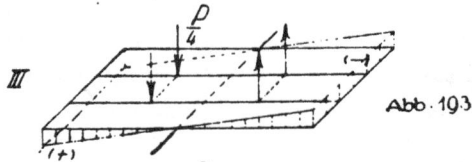

III   Abb 193

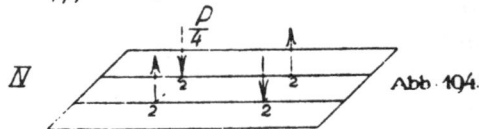

IV   Abb 194.

wagerechten Ebene biegungssteif. Sonst würde es verschieblich sein, wenn man die sehr geringen Verwindungswiderstände der Träger außer acht läßt. Bedenkt man, daß die Höhe der Spanten im Verhältnis zur Höhe der Hauptträger außerordentlich gering ist, und zieht man in Betracht, daß die Glieder schlecht als kontinuierliche Balken durchgeführt werden können, so ergibt sich, daß sie wohl kaum mehr als eine gewöhnliche Balkenwirkung zu äußern imstande sind. Wir nehmen daher mit guten Gründen an, daß die Spanten die ihnen zufallenden Kräfte aus dem Auftrieb des Wassers wie gewöhnliche

Balken an die Hauptträger abgeben, womit die statische Wirkungs-
weise des Tragsystems klargestellt ist. Die Aufgabe ist statisch
bestimmbar. (Berechtigt die Konstruktionsanlage zu der Annahme,
daß die Spanten als durchgehende Balken auf vier Stützen wirken,
so läßt sich diesem Umstande näherungsweise leicht Rechnung tragen.
Die Drucke der Glieder gegen die Längsträger entsprechen dann
eben den Auflagerdrucken eines Balkens auf vier Stützen.)

Der Ponton möge allgemein mit P einseitig belastet sein. Wenn
nun auch die Lösung der Aufgabe ohne weiteres erfolgen kann, so
bringt doch die übliche Berechnungsweise ganz außerordentliche
Weitläufigkeiten mit sich, und zwar deshalb, weil die Auftriebskräfte des Wassers bei schrägem, einseitigem Eintauchen des Pontons
nur schwer erfaßt und in Rechnung gebracht werden können. Ungemein einfach gestaltet sich jedoch die Aufgabe wieder, wenn wir
unser Verfahren der Belastungsumordnung zur Anwendung bringen.
Es möge beiläufig noch bemerkt werden, daß an Stelle der einzigen
Einzellast auch einseitig angreifende Gruppen von Lasten vorhanden
sein können; die Einfachheit der Berechnungsweise wird dadurch
keineswegs beeinträchtigt.

Wir ordnen also die Belastung durch P wieder um in die Teilbelastungen I, II, III und IV der Abb. 191, 192, 193 und 194. Die
Teilbelastungen zusammen ergeben wieder die Grundbelastung durch P.
Auftriebskräfte des Wassers erscheinen nur bei den ersten drei Belastungszuständen. Bei dem vierten kommen wegen der Biegungs-
steifigkeit des Tragwerkes in der wagerechten Ebene irgendwelche
nennenswerte Wasserdrucke nicht in Betracht. (Vergleiche die vorher-
gehende Aufgabe — Platte auf Federn ruhend.) Der Vorteil der
Belastungsumordnung liegt darin, daß nunmehr die Auftriebskräfte
des Wassers leicht rechnerisch erfaßt werden können. Wir unter-
suchen die Wirkung jeder Teilbelastung für sich und setzen die Ergebnisse nachher zusammen.

Für die Berechnung mögen folgende Zahlen angenommen werden:

$$m = 14 \text{ m}, \quad a = 6 \text{ m}, \quad c = 3 \text{ m},$$
$$n = 7 \text{ m}, \quad b = 4 \text{ m}, \quad d = 2 \text{ m}.$$

Teilbelastung I (Abb. 191).

Der gleichmäßige verteilte Wasserdruck für die Flächeneinheit
beträgt:

$$p = + \frac{P}{m \cdot n}.$$

Die Spanten übertragen den Druck nach dem gewöhnlichen Balkengesetz auf die Hauptträger. In den Abb. 195 bis 198 sind die einzelnen Träger mit ihren Belastungen herausgezeichnet.

Es lassen sich leicht die Momente an den Hauptträgern aufstellen:

Äußerer Längsträger 1 (Abb. 196).

$$M_m = P \cdot \frac{d}{2 \cdot n} \cdot \frac{m}{8} = P \cdot \frac{2}{2 \cdot 7} \cdot \frac{14}{8} = - P \cdot 0{,}25000 \; t \cdot m.$$

Die Momentenlinie verläuft nach einer gewöhnlichen Parabel.

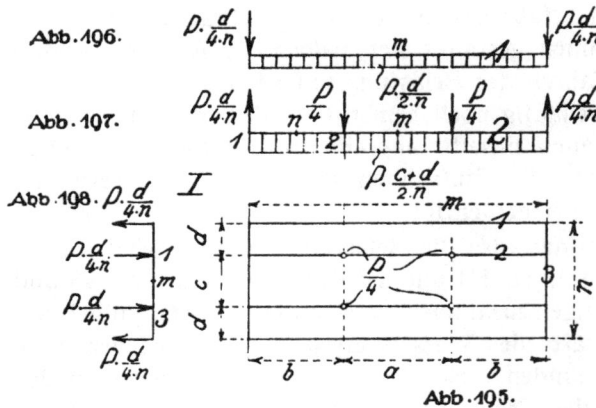

Abb. 196.

Abb. 197.

Abb. 198.

Abb. 195.

Innerer Längsträger 2 (Abb. 197).

$$M_n = P \cdot \frac{d}{4 \cdot n} \cdot \frac{b}{2} + P \cdot \frac{c+d}{2 \cdot m \cdot n} \cdot \frac{b^2}{8}$$

$$= P \cdot \frac{2}{4 \cdot 7} \cdot \frac{4}{2} + P \cdot \frac{5}{2 \cdot 14 \cdot 7} \cdot \frac{4^2}{8} = P \cdot 0{,}14286 + P \cdot 0{,}05102$$

$$= + P \cdot 0{,}19388 \; t \cdot m$$

$$M_2 = P \cdot \frac{d}{4 \cdot n} \cdot b + P \cdot \frac{c+d}{2 \cdot m \cdot n} \cdot \frac{b^2}{2}$$

$$= P \cdot \frac{2}{4 \cdot 7} \cdot 4 + P \cdot \frac{5}{2 \cdot 14 \cdot 7} \cdot \frac{4^2}{2} = P \cdot 0{,}28572 + P \cdot 0{,}20408$$

$$= + P \cdot 0{,}48980 \; t \cdot m$$

$$M_m = P \cdot \frac{d}{4 \cdot n} \left(\frac{a}{2} + b \right) + P \cdot \frac{c+d}{2 \cdot m \cdot n} \cdot \frac{\left(\frac{a}{2} + b \right)^2}{2} - \frac{P}{4} \cdot \frac{a}{2}$$

$$= P \cdot \frac{2}{4 \cdot 7} \cdot 7 + P \cdot \frac{5}{2 \cdot 14 \cdot 7} \cdot \frac{7^2}{2} - P \cdot \frac{6}{8} = P \cdot 0.50000$$

$$+ P \cdot 0.6250 - P \cdot 0.75000 = + P \cdot 0.37500 \, \text{t} \cdot \text{m}.$$

Äußerer Querträger 3 (Abb. 198).

$$M_1 = P \cdot \frac{d}{4 \cdot n} \cdot d = P \cdot \frac{2}{4 \cdot 7} \cdot 2 = + P \cdot 0.14286.$$

$$M_m = \qquad\qquad = + P \cdot 0.14286.$$

Sämtliche Momente werden zunächst übersichtlich in einer Figur aufgetragen.

Teilbelastung II (Abb. 192).

Der Wasserdruck an der äußersten Pontonkante ist für die Flächeneinheit

$$p = \frac{M}{W} = \frac{P}{2} \cdot c \cdot \frac{b}{m \cdot n^2} = \pm \frac{3 \cdot P \cdot c}{m \cdot n^2}.$$

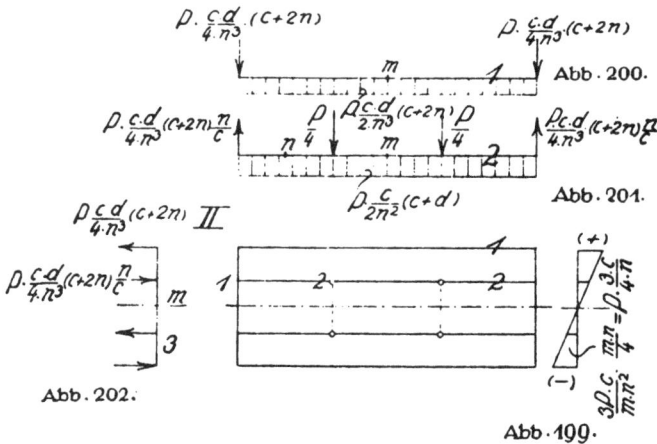

Abb. 200.

Abb. 201.

Abb. 202.

Abb. 199.

Das Druckschema ist in der Abb. 199 angedeutet. Die Kräfte werden durch die Spanten nach dem gewöhnlichen Balkengesetz auf die Längsträger übertragen.

In den Abb. 199 bis 202 sind die einzelnen Träger mit ihren Belastungen herausgezeichnet.

Äußerer Längsträger 1 (Abb. 200).

$$M_m = P \cdot \frac{c \cdot d}{2 \cdot n^3}(c + 2 \cdot n) \cdot \frac{m}{8} = P \cdot \frac{3 \cdot 2}{2 \cdot 7^3} \cdot 17 \cdot \frac{14}{8} = \mp P \cdot 0{,}26021 \, \text{t} \cdot \text{m}.$$

Die Momentenlinie verläuft nach einer gewöhnlichen Parabel.

Innerer Längsträger 2 (Abb. 201).

$$M_n = P \cdot \frac{c \cdot d}{4 \cdot n^3}(c + 2 \cdot n) \cdot \frac{n}{c} \cdot \frac{b}{2} + P \cdot \frac{c}{2 \cdot m \cdot n^2}(c + d) \cdot \frac{b^2}{8}$$

$$= P \cdot \frac{3 \cdot 2}{4 \cdot 7^3} \cdot 17 \cdot \frac{7}{3} \cdot \frac{4}{2} + P \cdot \frac{3}{2 \cdot 14 \cdot 7^2} \cdot 5 \cdot \frac{4^2}{8} = P \cdot 0{,}34694$$

$$+ P \cdot 0{,}02187 = \pm P \cdot 0{,}36881 \, \text{t} \cdot \text{m}$$

$$M_2 = P \cdot \frac{c \cdot d}{4 \cdot n^3}(c + 2 \cdot n) \cdot \frac{n}{c} \cdot b + P \cdot \frac{c}{2 \cdot m \cdot n^2}(c + d) \cdot \frac{b^2}{2}$$

$$= P \cdot \frac{3 \cdot 2}{4 \cdot 7^3} \cdot 17 \cdot \frac{7}{3} \cdot 4 + P \cdot \frac{3}{2 \cdot 14 \cdot 7^2} \cdot 5 \cdot \frac{4^2}{2} = P \cdot 0{,}69388$$

$$+ P \cdot 0{,}08748 = \pm P \cdot 0{,}78136 \, \text{t} \cdot \text{m}$$

$$M_m = P \cdot \frac{c \cdot d}{4 \cdot n^3}(c + 2 \cdot n) \cdot \frac{n}{c}\left(\frac{a}{2} + b\right) + P \cdot \frac{c}{2 \cdot m \cdot n^2}(c + d)\frac{\left(\frac{a}{2} + b\right)^2}{2}$$

$$- \frac{P}{4} \cdot \frac{a}{2} = P \cdot \frac{3 \cdot 2}{4 \cdot 7^3} \cdot 17 \cdot \frac{7}{3} \cdot 7 + P \cdot \frac{3}{2 \cdot 14 \cdot 7^2} \cdot 5 \cdot \frac{7^2}{2} - P \cdot \frac{6}{8}$$

$$= P \cdot 1{,}21428 + P \cdot 0{,}26786 - P \cdot 0{,}75000 = \pm P \cdot 0{,}73214 \, \text{t} \cdot \text{m}.$$

Äußerer Querträger 3 (Abb. 202).

$$M_1 = P \cdot \frac{c \cdot d}{4 \cdot n^3}(c + 2 \cdot n)d = P \cdot \frac{3 \cdot 2}{4 \cdot 7^3} \cdot 17 \cdot 2 = \pm P \cdot 0{,}14782 \, \text{t} \cdot \text{m}$$

$$M_m = \qquad\qquad\qquad\qquad\qquad = 0.$$

Sämtliche Momente werden wieder zunächst in einer Figur aufgetragen.

Teilbelastung III (Abb. 193).

Der Wasserdruck an der äußersten Pontonkante für die Flächeneinheit ist

$$p = \frac{M}{W} = \frac{P}{2} \cdot a \cdot \frac{6}{n \cdot m^2} = \pm \frac{3 \cdot P \cdot a}{n \cdot m^2}.$$

Die Drucke werden von den Spanten auf Grund der einfachen Balkengesetze auf die Hauptträger übertragen.

In den Abb. 203 bis 206 sind die einzelnen Träger mit ihren Belastungen herausgezeichnet.

Äußerer Längsträger 1 (Abb. 204).

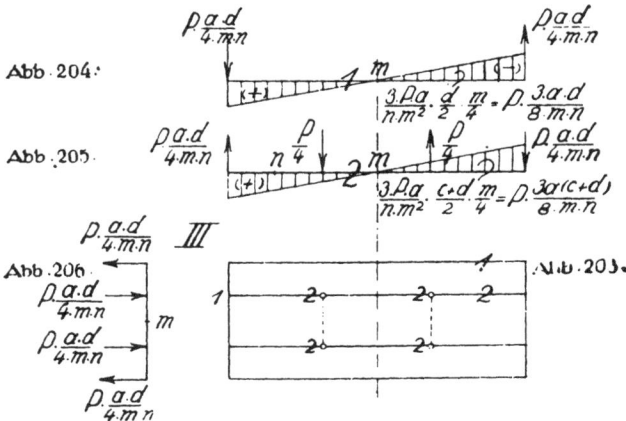

Das Moment im Abstande x vom Ende ist

$$M_x = P \cdot \frac{a \cdot d \cdot x}{4 \cdot m \cdot n} \left(\frac{3 \cdot x}{m} - \frac{2 \cdot x^2}{m^2} - 1 \right)$$

bei $x = 1,75\,m$ wird

$$M = P \cdot \frac{6 \cdot 2 \cdot 1,75}{4 \cdot 14 \cdot 7} \left(\frac{3 \cdot 1,75}{14} - \frac{2 \cdot \overline{1,75}^2}{14^2} - 1 \right) = \pm\, P \cdot 0{,}0351 \text{ t} \cdot \text{m,}$$

bei $x = 3,50\,m$ wird

$$M = P \cdot \frac{6 \cdot 2 \cdot 3,50}{4 \cdot 14 \cdot 7} \left(\frac{3 \cdot 3,50}{14} - \frac{2 \cdot \overline{3,50}^2}{14^2} - 1 \right) = \pm\, P \cdot 0{,}0401 \text{ t} \cdot \text{m,}$$

bei $x = 5,25$ wird

$$M = P \cdot \frac{6 \cdot 2 \cdot 5,25}{4 \cdot 14 \cdot 7} \left(\frac{3 \cdot 5,25}{14} - \frac{2 \cdot \overline{5,25}^2}{14^2} - 1 \right) = \pm\, P \cdot 0{,}0250 \text{ t} \cdot \text{m,}$$

bei $x = 7,00\,m$ wird

$$M = \qquad\qquad\qquad = 0.$$

Das Maximalmoment entsteht im Abstande $x = 2,96\,m$ und beträgt

$$M_{max} = P \cdot \frac{6 \cdot 2 \cdot 2,96}{4 \cdot 14 \cdot 7} \left(\frac{3 \cdot 2,96}{14} - \frac{2 \cdot \overline{2,96}^2}{14^2} - 1 \right) = \pm\, P \cdot 0{,}0412 \text{ t} \cdot \text{m.}$$

Innerer Längsträger 2 (Abb. 205).

Moment im Abstande x vom Ende

$$M_x = P \cdot \frac{a \cdot x}{4 \cdot m \cdot n} \left\{ d + \frac{3\,(c+d)}{m} \cdot x - \frac{2\,(c+d)}{m^2} \cdot x^2 \right\}$$

bei $x = 2\,m$ wird

$$M = P \cdot \frac{6 \cdot 2}{4 \cdot 14 \cdot 7} \left\{ 2 + \frac{3 \cdot 5}{14} \cdot 2 - \frac{2 \cdot 5}{14^2} \cdot 4 \right\} = \pm\, P \cdot 0,1205 \text{ t} \cdot \text{m},$$

bei $x = 4\,m$ wird

$$M_2 = P \cdot \frac{6 \cdot 4}{4 \cdot 14 \cdot 7} \left\{ 2 + \frac{3 \cdot 5}{14} \cdot 4 - \frac{2 \cdot 5}{14^2} \cdot 16 \right\} = \pm\, P \cdot 0.3348 \text{ t} \cdot \text{m}.$$

Moment im Abstande vom Ende (Mittelfeld)

$$M_x = P \cdot \frac{a \cdot x}{4 \cdot m \cdot n} \left\{ d + \frac{3\,(c+d)}{m} \cdot x - \frac{2\,(c+d)}{m^2} \cdot x^2 - \frac{m \cdot n}{a \cdot x} \,(x - b) \right\}$$

$M_m = 0.$

Äußerer Querträger 3 (Abb. 206).

$$M_1 = P \cdot \frac{a \cdot d}{4 \cdot m \cdot n} \cdot d = P \cdot \frac{6 \cdot 2 \cdot 2}{4 \cdot 14 \cdot 7} = \pm\, P \cdot 0,06122 \text{ t} \cdot \text{m}$$

$$M_m = \qquad\qquad\qquad = \pm\, P \cdot 0,06122 \text{ t} \cdot \text{m}.$$

Alle Momente werden im Interesse der Übersichtlichkeit aufgetragen.

Teilbelastung IV (Abb. 194).

Infolge der Biegúngssteifigkeit des Tragwerks senkrecht zur wagerechten Ebene kommen, wie schon erwähnt, Auftriebskräfte des Wassers nicht zustande. Die durch die Kräfte $\frac{P}{4}$ hervorgerufene Biegungsinanspruchnahme der Konstruktion ist schwer zu ermitteln, und zwar wegen der aufgenieteten Deck- und Bodenbleche, deren genaue Wirksamkeit kaum erfaßt werden kann. Es bleibt nichts anderes übrig, als eine näherungsweise Lösung zu suchen. Wir gehen von der Überlegung aus, daß Kräfte, um sich auszuwirken, stets den nächsten Weg nehmen. Dieser nächste Weg ist das Bereich innerhalb der vier Angriffspunkte 2, wenn wir zwischen diesen Punkten nach Maßgabe der punktierten Linien Querträger von derselben Höhe wie die Hauptträger einführen. Man kann dann annehmen, daß an Stelle der Blechüberdeckungen oben und unten diagonale Stäbe zwischen den Eckpunkten 2 wirksam sind. Siehe Abb. 207. System und Belastungszustand des in dieser Weise rechnerisch zugänglich gemachten Tragkörpers sind in der Abb. 208 anschaulich vor Augen geführt. Die statische Sachlage ist ohne weiteres klar. Das Gleichgewicht bedingt bestimmte Zug- und Druckspannungen in den diagonalen Stäben. In den Abb. 209 und 210 sind die einzelnen Träger mit den ihnen zukommenden Belastungen herausgezeichnet. Das Kräftedreieck Abb. 211 zeigt die Beziehung zwischen der Diagonalanspannung und den Kräften, die an dem Träger wirken.

Die Lösung der Aufgabe in dieser Weise kommt der Wirklichkeit einigermaßen nahe. Es liegt aber eigentlich weniger an Ge-

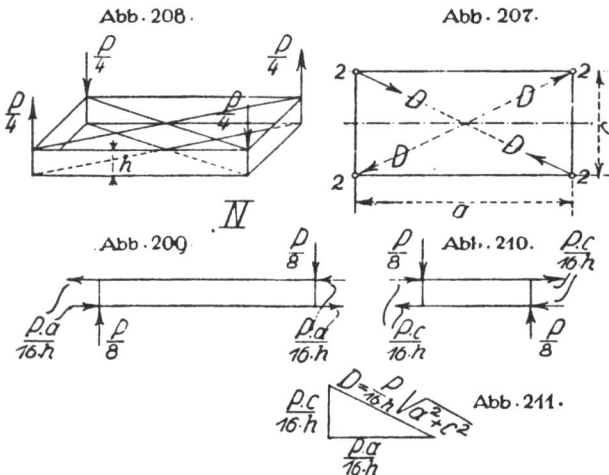

Abb. 208.

Abb. 207.

Abb. 209.

Abb. 210.

Abb. 211.

nauigkeit. Es ist wichtiger, überhaupt festgestellt zu haben, daß der Ponton eine erhebliche innerliche Biegungsinanspruchnahme erleidet, die lediglich hervorgerufen wird durch die einseitige Belastung durch P und die mit den Auftriebskräften des Wassers nicht unmittelbar zu tun hat. Meines Wissens nach ist man auf diesen eigentümlichen Sachverhalt bei anderen Berechnungsverfahren von Schwimmkranpontons bisher nicht aufmerksam geworden. Woraus hervorgeht, daß anderweitige Lösungen, die über diesen Punkt nichts aussagen, als einwandfrei nicht angesprochen werden können.

Wir haben folgende Momente:

Längsträgerteil (Abb. 209).

Am Ende

$$M_2 = \frac{P \cdot a}{16 \cdot h} \cdot h = \frac{P \cdot a}{16} = P \cdot \frac{6}{16} = \pm\, P \cdot 0,3750\; \text{t} \cdot \text{m}.$$

In der Mitte

$$M_m = 0.$$

Kurzer Querträger (Abb. 210).

Am Ende

$$M_2 = \frac{P \cdot c}{16 \cdot h} \cdot h = \frac{P \cdot c}{16} = P \cdot \frac{3}{16} = \pm\, P \cdot 0,1875\; \text{t} \cdot \text{m}.$$

In der Mitte

$$M_m = 0.$$

Zur Übersichtlichkeit werden auch diese Momente zeichnerisch aufgetragen.

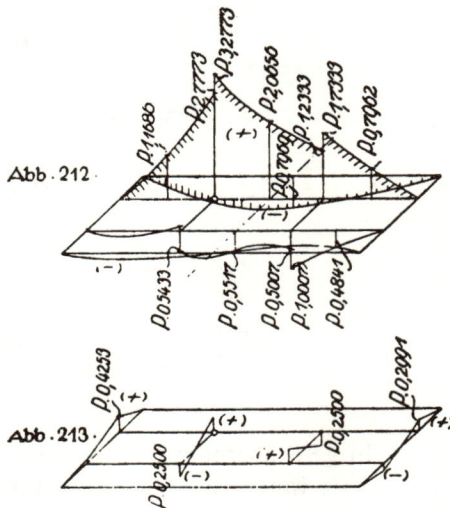

Abb. 212.

Abb. 213.

Man erhält nunmehr die an dem Trägersystem tatsächlich wirksamen Momente, wenn man die Momente aus den einzelnen Teilbelastungen sinngemäß zusammensetzt. Die Endergebnisse sind in den Abb. 212 und 213 anschaulich zur Darstellung gebracht.

Es versteht sich von selbst, daß die bei der vorliegenden einseitigen Belastung durch P eintretende starke Schrägstellung des Pontons, bei der sogar negative Auftriebskräfte des Wassers hervorgerufen werden, praktisch nicht vorkommt; die Neigung wird durch entsprechenden Gegenballast in den zulässigen Grenzen gehalten.

Eine eingehende Berechnung von Schwimmkranpontons findet man in meiner Schrift „Die Statik der Schwerlastkrane" Verlag

R. Oldenbourg, München. Die dort behandelten Aufgaben sind meistens hochgradig statisch unbestimmt, finden jedoch mit Hilfe unseres B-U Verfahrens eine ungemein einfache Lösung.

Beispiel 33. Ein turmartiges achteckiges Gerüst nach Abbildung 214.

Der Turm möge in der oberen Ebene durch einen Ring oder sonst eine Querkonstruktion ausgesteift sein. Die Versteifung spielt

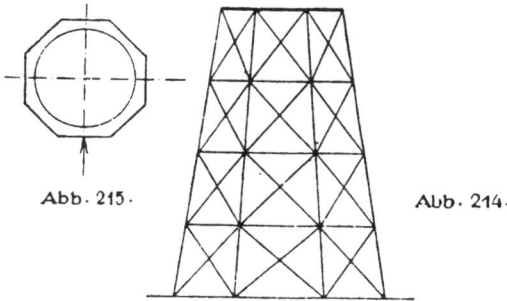

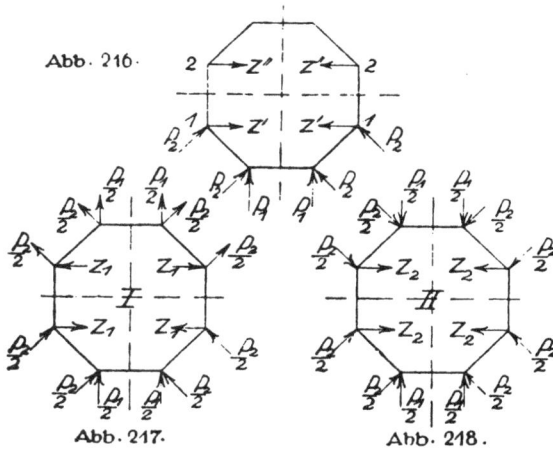

Abb. 215.

Abb. 214.

Abb. 216.

Abb. 217.

Abb. 218.

bei Belastung des Turmes durch Eigengewicht nur eine ganz untergeordnete Rolle, hat aber einen sehr wesentlichen Einfluß auf die Wirkung von Windkräften gegen das Gerüst. Die Richtung des Windes ist in der Abb. 215 angedeutet.

Denkt man die in Rede stehende Queraussteifung zunächst nicht vorhanden, so erfolgt die Berechnung des Gerüstes bekanntlich in der Weise, daß man die Knotenlasten jeweilig in die beiden anliegenden Wandebenen zerlegt und jede derselben mit den ihr zukommenden

Komponenten selbständig als unten eingespannten Freiträger behandelt. Unter diesen Umständen vollzieht sich eine ziemlich elastische Bewegung des Raumfachwerkes, wobei das achteckige Polygon, besonders die obere Ebene, eine ovale Form annimmt, das heißt, zusammengedrückt wird.

Bei Einführung der Versteifung jedoch wird zunächst die obere Turmebene keine Änderung ihrer regelmäßigen polygonen Form erleiden. Dies bedingt natürlich eine Inanspruchnahme der Querversteifung, und es ist klar, daß diese Kräfte eine Rückwirkung auf die ganze Turmkonstruktion haben. Die Folge wird sein, daß einmal die ursächlichen Spannkräfte des Raumfachwerkes erheblich vermindert werden und daß schließlich die Ausschwankung oder Biegung des Turmes eine bedeutende Abschwächung erfährt.

In der Abb. 216 ist die obere Turmebene mit den Windkräften gegen das Gerüst dargestellt. Infolge des Zwanges, unter dem die elastische Bewegung wegen der Querversteifung vor sich geht, erscheinen zwei statisch unbestimmte Reaktionen, und zwar die Spannkraft Z' zwischen den Eckpunkten 1 und die Spannkraft Z'' zwischen den Eckpunkten 2 des Polygons. Sie liefern jedesmal Komponenten für die anliegenden Polygonseiten. Die Größen Z' und Z'' lassen sich mit Hilfe des Arbeitsgesetzes oder auch unmittelbar aus den Ortsveränderungen der Punkte 1 und 2 ermitteln. Ihre Berechnung ist ziemlich umständlich, da man zwei voneinander abhängige Elastizitätsgleichungen mit zwei Unbekannten aufzustellen hat.

Man erzielt wie immer eine erhebliche Vereinfachung der Berechnung, wenn man unser Verfahren der Belastungsumordnung zur Anwendung bringt. Wir zerlegen die Belastung in die beiden Teilbelastungen I und II der Abb. 217 und 218. Bei der Teilbelastung I erscheint nur eine einzige statische unbestimmte Größe, und zwar die Anspannung Z_1 zwischen den Eckknoten. Dasselbe gilt für die Teilbelastung II, wo wir die einzige Unbekannte Z_2 haben. Die Umordnung der Belastung in die beiden Teilbelastungen hat somit den Erfolg, daß die zweifach statisch unbestimmte Aufgabe in zwei Einzelrechnungen von je einer statischen Unbestimmtheit aufgelöst worden ist. Hinzu kommt der Vorteil, daß die Ermittlungen sich jedesmal nur über ein einziges Turmviertel erstrecken. (In meiner Schrift „Die Statik des Eisenbaues" wurde die Berechnung von Turmkonstruktionen ähnlicher Art — Kühltürme — eingehend vorgeführt.)

Zweiter Abschnitt.

Anwendung des Verfahrens bei Einflußlinien
(bewegliche Belastung).

Beispiel 34. Ein beiderseitig eingespannter Balken unveränderlichen Querschnittes nach Abbildung 219.

Verlangt wird die Einflußlinie für das Moment eines beliebigen Balkenpunktes *m*. Die Aufgabe ist zweifach statisch unbestimmt. Als statisch unbestimmte Größen können das linke und rechte Einspannmoment eingeführt werden. Die Lösung nach dem üblichen Verfahren ist bekanntlich sehr umständlich, dagegen wird sich zeigen, daß das Verfahren der Belastungsumordnung außerordentlich bequem zum Ziele führt.

Wir ordnen die Belastung *P* um in die Teilbelastungen I und II (Abb. 220 und 221). Bei der Teilbelastung I erscheint, wenn man die Mitte des Balkens betrachtet, nur ein Moment *M*, bei der Teilbelastung II hat man an derselben Stelle nur eine Querkraft *V*. Infolge der Belastungsumordnung sind also die beiden statisch unbestimmten Größen unabhängig voneinander geworden, womit die Aufgabe in zwei ungemein einfache Einzellösungen zerfällt, deren Ergebnisse nur zusammengesetzt zu werden brauchen.

Teilbelastung I.

Wir denken den Balken in der Mitte durchschnitten, belasten die Schnittenden mit dem Moment $M = -1$ und zeichnen die entstehende Biegungslinie des Balkens (Abb. 222 und 224). Die symmetrischen Stücke der Kurve verlaufen nach einer gewöhnlichen Parabel. Bezeichnen $\delta_{ma}{}'$ die Ordinaten der Linie, gemessen unter dem an beliebiger Stelle stehenden Lastenpaar $\dfrac{P}{2}$, und bedeutet $\vartheta_{aa}{}'$ die Verdrehung des geschnittenen Querschnittes, dann beträgt das gesuchte Moment nach dem Satz von der Gegenseitigkeit der elastischen Formänderung

$$M' = \frac{P}{2} \cdot \frac{\delta_{ma}{}'}{\vartheta_{aa}{}'}.$$

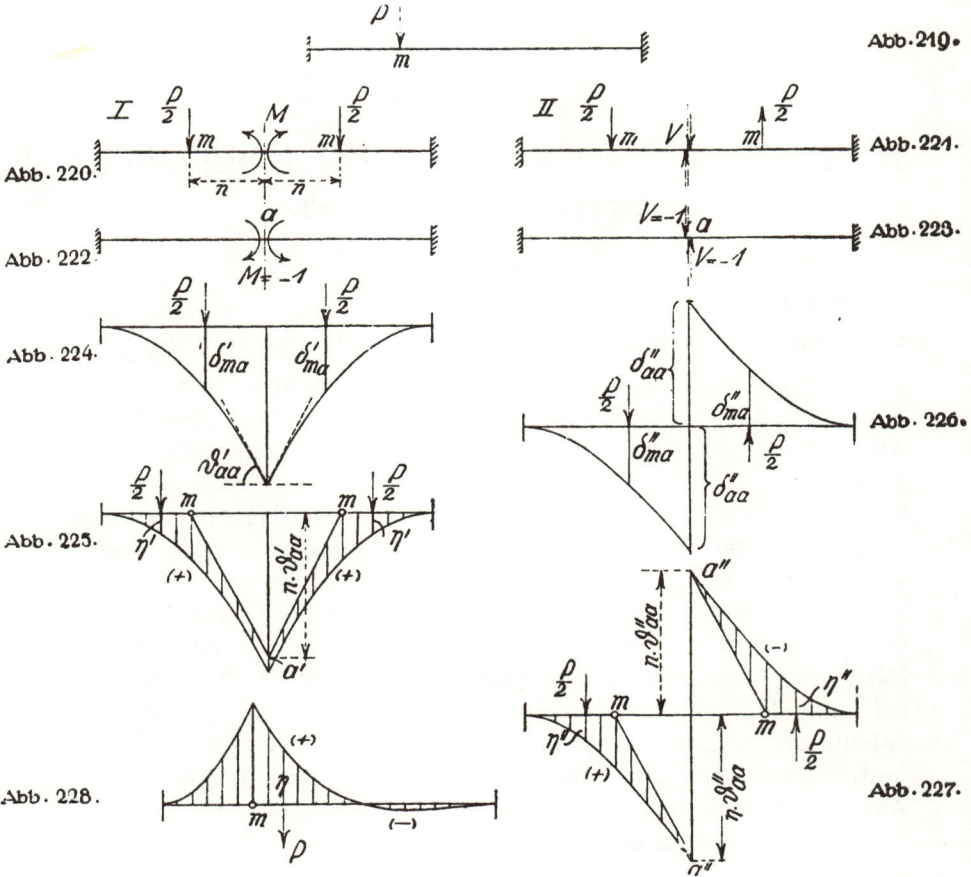

Rückt man das Lastenpaar $\frac{P}{2}$ bis zur Mitte des Balkens zusammen, dann hat man ein Moment an der Stelle m

$$M_m{}' = \frac{P}{2} \cdot n - M'$$

$$= \frac{P}{2} \cdot n - \frac{P}{2} \cdot \frac{\delta_{ma}{}'}{\vartheta_{aa}{}'}$$

$$= \frac{P}{2} \cdot \frac{1}{\vartheta_{aa}{}'} \{ n \cdot \vartheta_{aa}{}' - \delta_{ma}{}' \}.$$

Dieser Ausdruck läßt sich leicht zeichnerisch auftragen. Das erste Glied der Klammer wird durch die beiden Geraden $a' - m$ dargestellt. Das zweite Glied sind die Ordinaten der Biegungslinie nach Abb. 224. Wir erhalten somit in der Abb. 225 mit der schraffierten Fläche die Einflußlinie für das Moment an der Balkenstelle m infolge des symmetrisch wandernden Lastenpaares $\dfrac{P}{2}$.

Teilbelastung II.

Wir denken den Balken wieder in der Mitte durchschnitten, belasten die Schnittenden mit der Querkraft $V = -1$ und zeichnen in ähnlicher Weise wie oben die Biegungslinie des Balkens. Abb. 223 und 226. Die beiden Kurven sind entgegengesetzt gerichtet. Bezeichnen δ_{ma}'' die Ordinaten der Linie, gemessen unter dem an beliebiger Stelle angreifenden Lastenpaar und δ_{aa}'' die Ordinaten in der Balkenmitte, also die senkrechte Verschiebung der Schnittenden, dann beträgt wieder nach dem Satz von der Gegenseitigkeit der elastischen Formänderung die gesuchte Querkraft

$$V = \frac{P}{2} \cdot \frac{\delta_{ma}''}{\delta_{aa}''}.$$

Wir rücken das Lastenpaar wieder nach der Balkenmitte zusammen und haben als Moment für die Stelle m

$$M_m'' = \frac{P}{2} \cdot n - V \cdot n$$

$$= \frac{P}{2} \cdot n - \frac{P}{2} \cdot \frac{\delta_{ma}''}{\delta_{aa}''} \cdot n.$$

Mit Rücksicht darauf, daß die Ergebnisse der Teilbelastung II in eine gewisse Übereinstimmung mit den Ergebnissen der Teilbelastung I zu bringen sind, weil ja beide Resultate nachher zusammengesetzt werden müssen, muß der Faktor vor der Klammer des letzten Ausdruckes derselbe sein wie der Faktor vor der Klammer des Ausdruckes bei der Teilbelastung I. Unsere letzte Beziehung schreibt sich daher

$$M_m'' = \frac{P}{2} \cdot \frac{1}{\vartheta_{aa}'} \left\{ n \cdot \vartheta_{aa}' - \delta_{ma}'' \cdot \frac{\vartheta_{aa}'}{\delta_{aa}''} \cdot n \right\}.$$

Auch dieser Ausdruck läßt sich in sehr einfacher Weise zeichnerisch darstellen. Das erste Glied der Klammer wird mit den beiden Geraden $a'' - m$ aufgetragen. Das zweite Glied sind die mit dem Faktor

$\dfrac{\vartheta_{aa}'}{\delta_{aa}''} \cdot n$ multiplizierten Ordinaten der Biegungslinie nach Abb. 226.

In den schraffierten Flächen der Abb. 227 erhalten wir die Einflußlinie für das Moment der Balkenstelle m bei dem symmetrisch wandernden Lastenpaar $\dfrac{P}{2}$.

Da die beiden Teilbelastungen I und II zusammen wieder die Grundbelastung P ergeben, so bedarf es nur der Vereinigung der beiden gefundenen Einflußlinien, um die gewünschte Einflußlinie des Momentes an der Stelle m für eine wandernde Last P zu erhalten. Die Zusammensetzung der beiden Linien erfolgt einfach mit dem Zirkel. Ergebnis siehe Abb. 228.

Bezeichnet η die Ordinate der Linie gemessen unter der Last, dann ist stets

$$M_m = P \cdot \frac{1}{2 \cdot \vartheta_{aa}'} \cdot \eta.$$

Oder bei mehreren Lasten

$$M_m = \frac{1}{2 \cdot \vartheta_{aa}'} \{P_1 \cdot \eta_1 + P_2 \cdot \eta_2 + P \cdot \eta_3 + \cdots\}.$$

Zu bemerken ist noch, daß die einzelnen Biegungslinien (Abb. 224 und 226) jede für sich in einem beliebigen Maßstab aufgezeichnet werden können.

Beispiel 35. Ein zweistieliger Dreifeldträger nach Abbildung 229.

Die Füße der senkrechten Pfosten seien in festen Gelenken gelagert. Die Endauflager des wagerechten Balkens sind horizontal verschieblich. Vom praktischen Standpunkte aus ist diese Ausführungsweise die wünschenswerteste, weil sie statisch sicher wirkt und rechnerisch leicht erfaßt werden kann. Vollkommene Einspannungen sind praktisch kaum möglich und bilden stets einen fragwürdigen Faktor in der statischen Berechnung. Dennoch möge im nächstfolgenden Beispiel auch die Berechnung des Systems mit eingespannten Pfostenfüßen kurz dargelegt werden.

Unser Tragwerk ist wie immer in bezug auf die senkrechte Mittelachse symmetrisch. J_1 sei das Trägheitsmoment des Balkens im Endfeld, J_2 das des Balkens im Mittelfeld. Ferner möge J_3 das Trägheitsmoment der senkrechten Pfosten sein.

Die Aufgabe ist für eine beliebige Belastung dreifach statisch unbestimmt. Als fragliche Größen führt man zweckmäßig die senk-

rechten Drucke und den wagerechten Schub an den beiden Pfostenfüßen ein.

Wir ordnen die Belastung durch P (Abb. 229) um in die beiden
Teilbelastungen I und II (Abb. 230 und 231). Bei der Teilbelastung I
hat man nur zwei unbestimmte Größen, und zwar den senkrechten
Druck X_a' und den wagerechten Schub X_b. Bei der Teilbelastung II
erscheint nur eine einzige unbestimmte Größe, nämlich der senkrechte Druck X_a''. Der Erfolg der Belastungsumordnung ist also
der, daß die dreifach statisch unbestimmte Aufgabe in zwei Einzel-

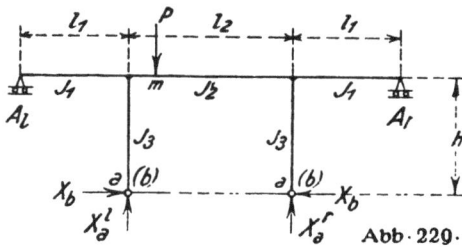

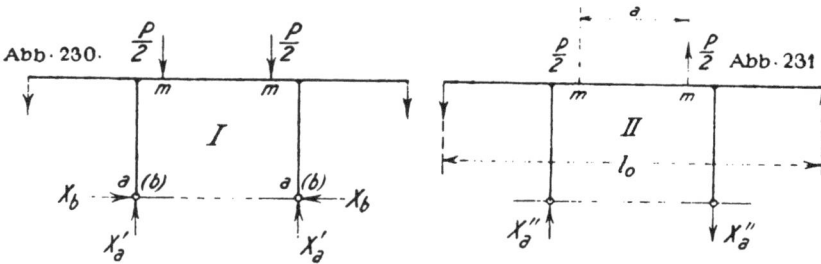

Abb. 229.

Abb. 230.

Abb. 231

rechnungen von einmal zweifacher und das andere Mal einfacher
statischer Unbestimmtheit aufgelöst worden ist. Man behandelt
wie immer jede Teilbelastung für sich und setzt die Ergebnisse nachher
zusammen. Ein weiterer Vorteil des Verfahrens liegt wieder darin,
daß alle Ermittlungen sich immer nur über eine Symmetriehälfte
des Systems erstrecken.

Teilbelastung I.

Ermittlung der Größen X_a' und X_b auf Grund der elastischen
Verschiebungen des Pfostenfußpunktes.

1. Belastung des Tragwerks durch die Größe $X_a' = -1$. (Abb.
232.) Aufzeichnung der Biegungslinie des Balkens und der wagerechten
Verschiebung des Pfostenfußpunktes. (Abb. 233.) Von den beiden,

den δ-Werten angehängten Kennziffern bedeutet die erste den Ort, die zweite die Ursache der Formveränderungen. Man kann die Biegungslinie und die Verschiebung des Pfostenfußpunktes leicht rein zeichnerisch bestimmen. Einfacher noch ist es, nach den folgenden Formeln die Stichpunkte für die Stellen 1, 2 und 3 zu berechnen und darüber

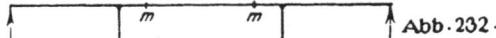

Abb. 232.

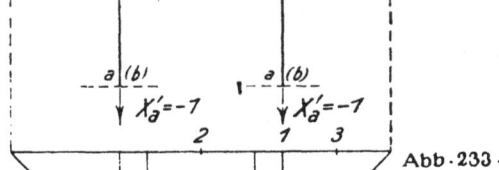

Abb. 233.

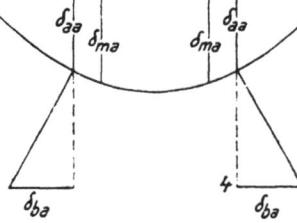

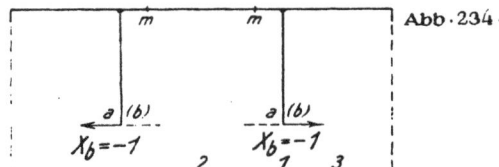

Abb. 234.

Abb. 235.

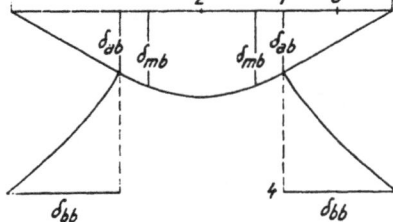

mit einem Kurvenlineal die gewünschte Biegungslinie zu ziehen. Das Verfahren ist genügend genau.

$$\delta_{aa}{}^1 = \frac{1 \cdot l_1{}^3}{3 \cdot J_1} + \frac{1 \cdot l_1{}^2 \cdot l_2}{2 \cdot J_2},$$

$$\delta_{ma}{}^2 = \frac{1 \cdot l_1{}^3}{3 \cdot J_1} + \frac{1 \cdot l_1 \cdot l_2}{2 \cdot J_2}\left(l_1 + \frac{l_2}{4}\right),$$

$$\delta_{ma}{}^3 = \frac{1 \cdot 11 \cdot l_1{}^3}{48 \cdot J_1} + \frac{1 \cdot l_1{}^2 \cdot l_2}{4 \cdot J_2}.$$

Und die Verschiebung des Fußpunktes

$$\delta_{ba} = \frac{1 \cdot h \cdot l_1 \cdot l_2}{2 \cdot J_2}.$$

2. Belastung des Tragwerks durch die Größe $X_b = -1$. (Abb. 234.)
Aufzeichnung der Biegungslinie des Balkens und der wagerechten

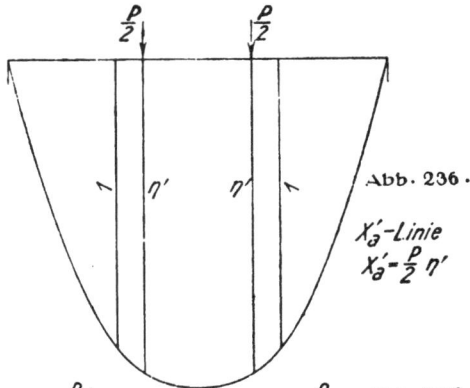

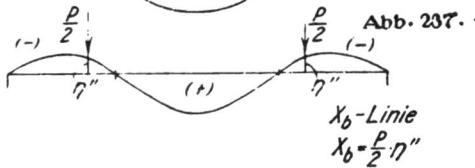

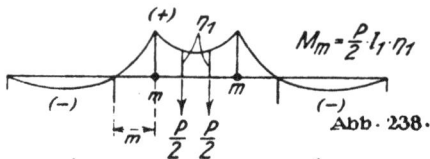

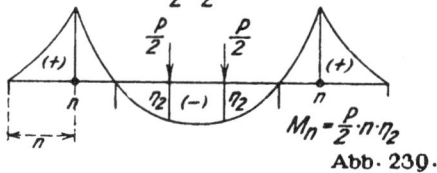

Abb. 236.

X_a'-Linie
$X_a' = \frac{P}{2} \eta'$

Abb. 237.

X_b-Linie
$X_b = \frac{P}{2} \eta''$

$M_m = \frac{P}{2} l_1 \cdot \eta_1$

Abb. 238.

$M_n = \frac{P}{2} \cdot n \cdot \eta_2$

Abb. 239.

Verschiebung des Pfostenfußpunktes. (Abb. 235.) Zur Aufzeichnung
der Biegungslinie können wieder folgende Stichpunkte berechnet
werden

$$\delta_{ab}^1 = \frac{1 \cdot h \cdot l_1 \cdot l_2}{2 \cdot J_2},$$

$$\delta_{mb}2 = \frac{1 \cdot h \cdot l_2}{2 \cdot J_2}\left(l_1 + \frac{l_2}{4}\right),$$

$$\delta_{mb}3 = \frac{1 \cdot h \cdot l_1 \cdot l_2}{4 \cdot J_2} = \frac{\delta_{ab}1}{2}.$$

Und die wagerechte Verschiebung

$$\delta_{bb} = \frac{1 \cdot h^2 \cdot l_2}{2 \cdot J_2} + \frac{1 \cdot h^3}{3 \cdot J_3}.$$

Nun lassen sich auf Grund der senkrechten und wagerechten Verschiebungen, wenn man den Satz von der Gegenseitigkeit der Formveränderungen berücksichtigt, folgende Beziehungen aufstellen:

Punkt *a* senkrecht

$$\frac{P}{2} \cdot \delta_{ma} - X_1' \cdot \delta_{aa} - X_b \cdot \delta_{ab} = 0,$$

Punkt (*b*) wagerecht

$$\frac{P}{2} \cdot \delta_{mb} - X_a' \cdot \delta_{ab} - X_b \cdot \delta_{bb} = 0.$$

Hieraus

$$X_a' = \frac{P}{2} \cdot \frac{\delta_{ma} \cdot \dfrac{\delta_{bb}}{\delta_{nb}} - \delta_{mb}}{\delta_{aa} \cdot \dfrac{\delta_{bb}}{\delta_{ab}} - \delta_{ab}} = \frac{P}{2} \cdot \frac{\delta_{ma} \cdot a_1 - \delta_{mb}}{C}$$

und

$$X_b = \frac{P}{2} \cdot \frac{\delta_{mb} \cdot \dfrac{\delta_{aa}}{\delta_{ab}} - \delta_{ma}}{\delta_{aa} \cdot \dfrac{\delta_{bb}}{\delta_{ab}} - \delta_{ab}} = \frac{P}{2} \cdot \frac{\delta_{mb} \cdot a_2 - \delta_{ma}}{C}.$$

Bei Einführung der Zahlen eines gegebenen Beispiels lassen sich nach vorstehenden Formeln leicht die Ordinaten der in den Abb. 236 und 237 aufgerissenen Einflußlinien für $\frac{P}{2} = 1$ berechnen. Es muß dann sein

$$X_a' = \frac{P}{2} \cdot \eta' \quad \text{und} \quad X_b = \frac{P}{2} \cdot \eta''.$$

Ermittlung der Einflußlinie für das Moment M_m eines beliebigen Punktes *m* im mittleren Balkenfeld.

Man denke nach Abb. 238 die Lasten $\frac{P}{2}$ innerhalb der Punkte m aufgestellt. Dann beträgt das Moment

$$M_m = \frac{P}{2}(l_1 + m) - X_a' \cdot l_1 - X_b \cdot h$$

$$= \frac{P}{2} \cdot l_1 \left\{ \frac{l_1 + m}{l_1} - \eta' - \eta'' \cdot \frac{h}{l_1} \right\}.$$

Diese Beziehung läßt sich leicht zeichnerisch darstellen. Nach Durchführung der Zeichnung werden die Ordinaten zweckmäßig auf eine wagerechte Basis übertragen. (Abb. 238.)
Es muß sein

$$M_m = \frac{P}{2} \cdot l_1 \cdot \eta_1.$$

Ermittlung der Einflußlinie für das Moment M_n eines beliebigen Punktes n im Balkenendfeld.

Die Lasten $\frac{P}{2}$ werden innerhalb des Bereiches der Punkte n aufgestellt gedacht. Dann ist

$$M_n = \frac{P}{2} \cdot n - X_a' \cdot n = \frac{P}{2} \cdot n \{1 - \eta'\}.$$

Auch diesen Ausdruck kann man leicht zeichnerisch zur Darstellung bringen. In der Abb. 239 wurde der erhaltene Plan auf einer wagerechten Basis aufgetragen. Man hat wieder

$$M_n = \frac{P}{2} \cdot n \cdot \eta_2.$$

Teilbelastung II.
Ermittlung der Größe X_a'' auf Grund der elastischen Verschiebungen des Pfostenfußpunktes.
Belastung des Tragwerkes durch die Größe $X_a'' = -1$. (Abb. 240.)
Aufzeichnung der Biegungslinie des Balkens. (Abb. 241.) Hierbei können wie früher wieder einige Stichpunkte nach folgenden Formeln berechnet werden:

$$\delta_{aa}' = \frac{1 \cdot l_1^2 \cdot l_2^2}{3 \cdot l_0^2 \cdot J_1} \left(l_1 + \frac{l_2}{2} \cdot \frac{J_1}{J_2} \right),$$

$$\delta_{m_1}{}^3 = \frac{1 \cdot l_1^3 \cdot l_2}{24 \cdot l_0^2 \cdot J_1}(l_1 + l_2) + \frac{1 \cdot l_1^3 \cdot l_2}{4 \cdot l_0^2 \cdot J_1}\left(\frac{l_1}{3} + \frac{3 \cdot l_2}{4} \right) + \frac{1 \cdot l_1^2 \cdot l_2^3}{12 \cdot l_0^2 \cdot J_2}.$$

Man kann nun auf Grund der senkrechten Verschiebungen folgende Beziehung anschreiben

$$\frac{P}{2} \cdot \delta_{ma} - X_a'' \cdot \delta_{aa} = 0.$$

Hieraus
$$X_a'' = \frac{P}{2} \cdot \frac{\delta_{ma}}{\delta_{aa}}.$$

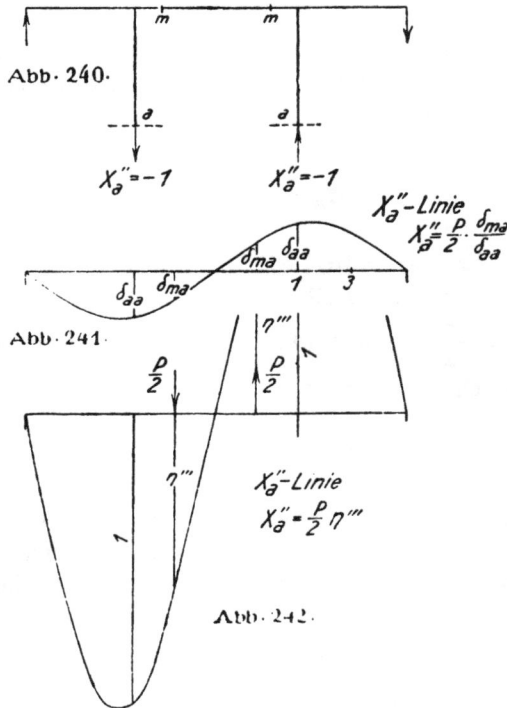

Abb. 240.

Abb. 241.

Abb. 242.

Zweckmäßig zeichnet man die Biegungslinie eben um, und zwar so, daß $\delta_{aa} = 1$ ist. (Abb. 242.) Man hat dann einfach

$$X_a'' = \frac{P}{2} \cdot \eta'''.$$

Ermittlung der Einflußlinie für das Moment M_m eines Punktes m im mittleren Balkenfeld:

Bei Aufstellung der Lasten $\frac{P}{2}$ zwischen den Punkten m kann man schreiben

$$M_m = \frac{P}{2} \cdot \frac{l_2 - 2 \cdot m}{l_0} (l_1 + m) - X_a'' \cdot \frac{l_1}{l_0} (l_2 - 2 \cdot m).$$

Mit Rücksicht darauf, daß die Ergebnisse der beiden Teilbelastungen I und II nachher zusammengesetzt werden, ist es notwendig, die Formeln für die Einflußlinien in eine gewisse Übereinstimmung zu bringen. Das geschieht dadurch, daß man der letzten

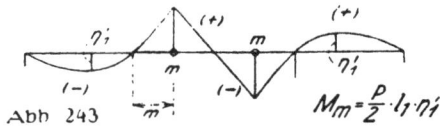

Abb 243

$$M_m = \frac{P}{2} \cdot l_1 \cdot \eta_1'$$

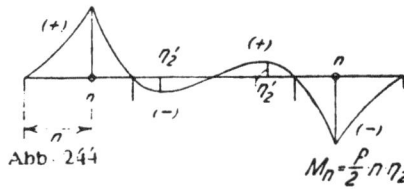

Abb. 244

$$M_n = \frac{P}{2} \cdot n \cdot \eta_2'$$

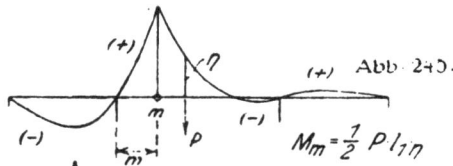

Abb. 245.

$$M_m = \frac{1}{2} \cdot P \cdot l_1 \cdot \eta$$

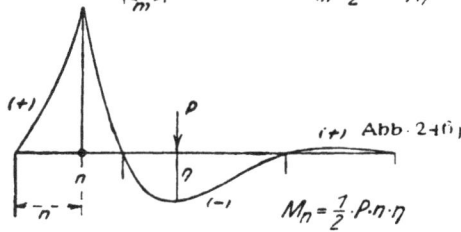

Abb. 246

$$M_n = \frac{1}{2} \cdot P \cdot n \cdot \eta$$

Beziehung denselben Klammerfaktor gibt wie früher, nämlich $\frac{P}{2} \cdot l_1$.
Man erhält dann

$$M_m = \frac{P}{2} \cdot l_1 \cdot \left\{ \frac{l_2 - 2 \cdot m}{l_1 \cdot l_0}\, (l_1 + m) - \eta''' \cdot \frac{l_2 - 2 \cdot m}{l_0} \right\}.$$

Der Ausdruck kann wie immer leicht zeichnerisch dargestellt
werden. Die Ordinaten der Konstruktion sind in der Abb. 243 auf eine
Wagerechte übertragen. Es ist

$$M_m = \frac{P}{2} \cdot l_1 \cdot \eta_1'.$$

Ermittlung der Einflußlinie für das Moment M_n im Punkte n des Balkenendfeldes: Denkt man die Lasten $\frac{P}{2}$ zwischen den Punkten n aufgestellt, dann beträgt das Moment

$$M_n = \frac{P}{2} \cdot \frac{l_0 - 2 \cdot n}{l_0} \cdot n - X_a{}'' \cdot \frac{l_2}{l_0} \cdot n.$$

Wegen der späteren Vereinigung der Ergebnisse der beiden Teilbelastungen muß auch dieser Ausdruck denselben Klammerfaktor haben wie der Ausdruck bei der Teilbelastung I, nämlich $\frac{P}{2} \cdot n$. Es folgt

$$M_n = \frac{P}{2} \cdot n \left\{ \frac{l_0 - 2 \cdot n}{l_0} - \eta''' \cdot \frac{l_2}{l_0} \right\}.$$

Nach Auftragung dieser Beziehung ergibt sich die in der Abb. 244 gezeichnete Linie. Es muß sein

$$M_n = \frac{P}{2} \cdot n \cdot \eta_2{}'.$$

Zusammensetzung der Ergebnisse der beiden Teilbelastungen.

Das Moment M_m im Punkte m:

Die Ordinaten der Abb. 238 und 243 werden sinngemäß addiert. Man hat dann die in der Abb. 245 dargestellte Einflußlinie für eine auf dem Balken wandernde Last P ($= 1$).

Das gesuchte Moment ist

$$M_m = P \cdot \frac{1}{2} \cdot l_1 \cdot \eta.$$

Bei mehreren Lasten

$$M_m = \frac{1}{2} \cdot l_1 \left\{ P_1 \cdot \eta_1 + P_2 \cdot \eta_2 + \cdots \right\}.$$

Um das größte rechts oder links drehende Moment zu erhalten, müssen die Lasten in den entsprechenden Einflußgebieten aufgefahren werden.

Das Moment M_n im Punkte n:

Addition der Ordinaten der Abb. 239 und 244. Es ergibt sich die in der Abb. 246 zur Darstellung gebrachte Einflußlinie für eine auf dem Balken wandernde Last P ($= 1$).

Als gesuchtes Moment hat man

$$M_n = P \cdot \frac{1}{2} \cdot n \cdot \eta.$$

Oder

$$M_n = \frac{1}{2} \cdot n \{P_1 \cdot \eta_1 + P_2 \cdot \eta_2 + \cdots\}.$$

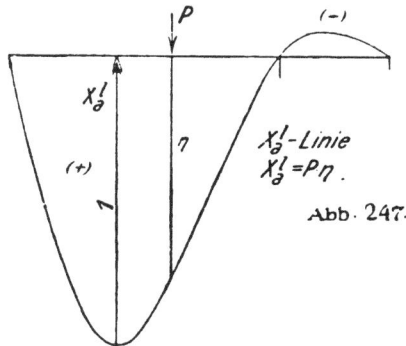

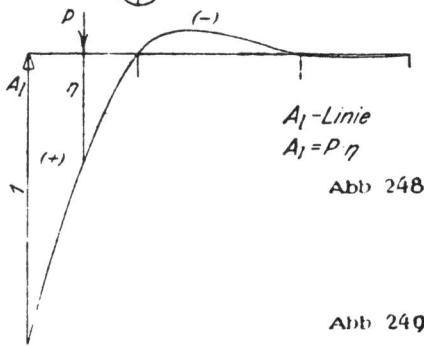

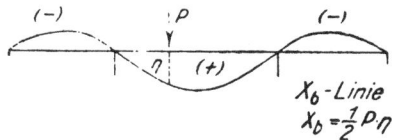

Schließlich mögen noch die Einflußlinien für die Stützendrucke X_a und A (Abb. 229) bei einer wandernden Last P ($= 1$) ermittelt werden.

Einflußlinie für $X_a{}^l$:

Addition der Ordinaten der Abb. 236 und 242. Umzeichnung der Werte dahin, daß unter der Stütze die Ordinate 1 besteht. (Abb. 247.)

Es ist

$$X_a{}^l = P \cdot \eta.$$

Oder

$$X_a{}^l = P_1 \cdot \eta_1 + P_2 \cdot \eta_2 + \cdots$$

Einflußlinie für A_l:

Nach Teilbelastung I:

$$A_l = \frac{P}{2} - X_a' = \frac{P}{2} \{1 - \eta'\}.$$

Zeichnerische Auftragung dieses Ausdruckes.

Nach Teilbelastung II:

$$A_l = \frac{P}{2} \cdot \frac{a}{l_0} - X_a'' \cdot \frac{l_2}{l_0} = \frac{P}{2} \left\{ \frac{a}{l_0} - \eta''' \cdot \frac{l_2}{l_0} \right\}.$$

Addition der Ordinaten der beiden Figuren. Nach Umzeichnung der Linie auf die Ordinate 1 unter der Stütze erhält man in der Abb. 248 die gewünschte Lösung.

Es ist

$$A_l = P \cdot \eta_1$$

bzw.

$$A_l = P_1 \cdot \eta_1 + P_2 \cdot \eta_2 + \cdots$$

In der Abb. 249 wurde noch einmal die Einflußlinie für den wagerechten Schub X_b am Pfostenfuß (siehe Abb. 237) wiedergegeben. Der Schub beträgt

$$X_b = P \cdot \frac{1}{2} \cdot \eta,$$

oder

$$X_b = \frac{1}{2} \{P_1 \cdot \eta_1 + P_2 \cdot \eta_2 + \cdots\}.$$

Wird eines der beiden Endauflager des Balkens (oder beide) wagerecht festgelegt, dann ist die Aufgabe vierfach statisch unbestimmt. Hinzu kommt dann ein weiterer wagerechter Schub an den Pfostenfüßen, der bei der Teilbelastung II in die Erscheinung tritt. Diese Teilbelastung wäre dann ebenfalls zweifach statisch unbestimmt. Unbekannt senkrecht X_a'' und wagerecht X_b'. Die Lösung erfolgt in derselben Weise wie bei der Teilbelastung I.

Die Wirkung einer Wärmeänderung an dem vorstehend untersuchten Tragwerk läßt sich auf Grund der in den Abb. 233 und 235 gefundenen Verschiebungen am Pfostenfuß ohne weiteres feststellen. Man hat dann nur notwendig, in den beiden zur Teilbelastung I gehörenden Beziehungen (oben angeschriebenen Elastizitätsgleichungen) an Stelle der Verschiebungen durch die Lasten $\frac{P}{2}$ die Fußverschiebungen infolge der Wärmeänderung in Ansatz zu bringen. Man erhält

$$\delta_{am} - X_a' \cdot \delta_{aa} - X_b \cdot \delta_{ab} = 0$$
$$\delta_{bm} - X_a' \cdot \delta_{ab} - X_b \cdot \delta_{bb} = 0.$$

Hiernach

$$X_a' = \frac{\delta_{am} \cdot a_1 - \delta_{bm}}{C}$$

$$X_b = \frac{\delta_{bm} \cdot a_2 - \delta_{am}}{C}.$$

Die Verschiebungen durch Wärmeänderung betragen

senkrecht
$$\delta_{am} = a \cdot t \cdot h,$$

wagerecht
$$\delta_{bm} = a \cdot t \cdot \frac{l_2}{2}.$$

Nach Berechnung der Größen X_a' und X_b können dann leicht die Momente an dem Tragwerk aufgestellt werden.

Beispiel 36. Ein zweistieliger Dreifeldträger nach Abbildung 250.

Die Füße der senkrechten Pfosten seien fest eingespannt. Die Endauflager des Balkens sollen wieder horizontal beweglich sein. Die Aufgabe ist nunmehr 5 fach statisch unbestimmt.

Wir haben wieder die Teilbelastungen I und II. (Abb. 251 und 252.) Teilbelastung I: 3 fach statisch unbestimmt. Teilbelastung II: 2 fach statisch unbestimmt.

Teilbelastung I.

Zu den beiden Unbekannten X_a' und X_b tritt noch das Fußeinspannmoment M. Die Rechnung wird wesentlich erleichtert dadurch, daß wegen der Symmetrie der Belastung das Moment

$$M = X_b \cdot \frac{h}{3}$$

ist. Eigentlich ist damit die Aufgabe nur noch 2fach statisch unbestimmt. Man braucht bloß noch eine weitere Biegungslinie des
Balkens für den Zustand

$$M = -1 \cdot \frac{h}{3}$$

zu zeichnen und hieraus die Verschiebungen zu entnehmen und bei
der Aufstellung der beiden Elastizitätsgleichungen zu berücksichtigen,

Teilbelastung II.

Man führt zweckmäßig als unbekannte Größen die Querkraft
in der Trägermitte und den Endauflagerdruck des Balkens ein. Im

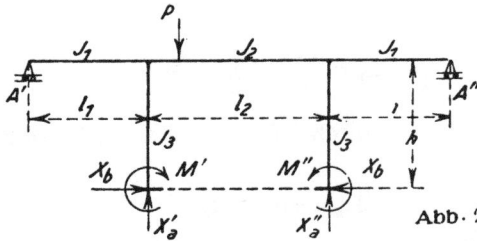

Abb. 250.

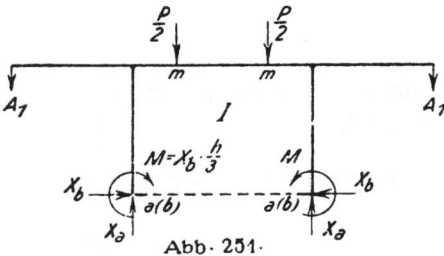

Abb. 251.

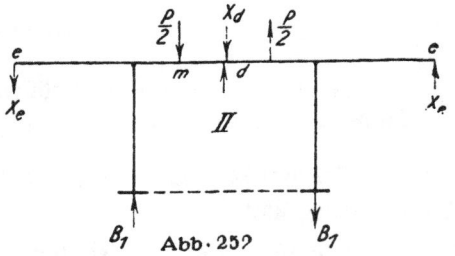

Abb. 252.

übrigen erfolgt die Ermittlung der Einflußlinien in ganz ähnlicher
Weise wie früher. Die Ergebnisse der beiden Teilbelastungen werden
nachher wieder zusammengesetzt. — In der Folge möge die Berechnungsweise kurz dargelegt werden.

Teilbelastung I (Abb. 251).

1. Belastung des Tragwerks wie beim vorhergehenden Beispiel
durch $X_a = -1$. (Abb. 253.) Aufzeichnung der Biegungslinie des
Balkens und der Verschiebung des Pfostenfußpunktes. (Abb. 254.)

2. Belastung des Tragwerks wie früher durch $X_b = -1$. (Abb. 255.)
Aufzeichnung der Biegungslinie des Balkens und der Verschiebung
des Pfostenfußpunktes. (Abb. 256.)

3. Belastung des Tragwerks neu durch $M = -1 \cdot \dfrac{h}{3}$. (Abb. 257.)
Aufzeichnung der Biegungslinie des Balkens und der Verschiebung des Pfostenfußpunktes. (Abb. 258.)

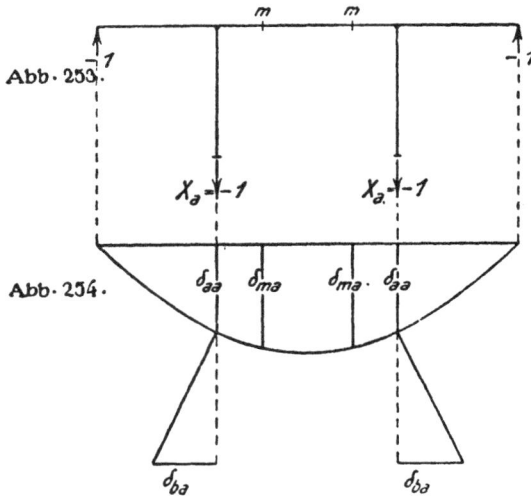

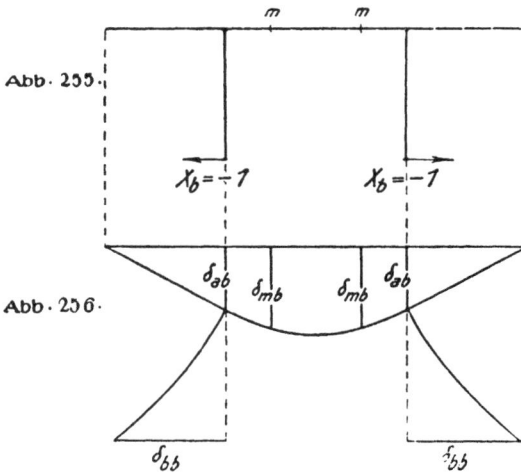

Abb. 253.

Abb. 254.

Abb. 255.

Abb. 256.

Hierzu können folgende Stichpunkte dienen

$$\delta_{ae}{}^1 = \frac{1 \cdot h \cdot l_1 \cdot l_2}{6 \cdot J_2},$$

$$\delta_{mc}{}^2 = \frac{1 \cdot h \cdot l_2}{6 \cdot J_2}\left(l_1 + \frac{l_2}{4}\right),$$

$$\delta_{mc}{}^3 = \frac{\delta_{ac}{}^1}{2},$$

$$\delta_{bc} = \frac{1 \cdot h^2 \cdot l_2}{6 \cdot J_2} + \frac{1 \cdot h^3}{6 \cdot J_3}.$$

Auf Grund der Verschiebungen:

Punkt a senkrecht

$$\frac{P}{2} \cdot \delta_{ma} - X_a \cdot \delta_{aa} - X_b \cdot \delta_{ab} + X_b \cdot \delta_{ac} = 0$$

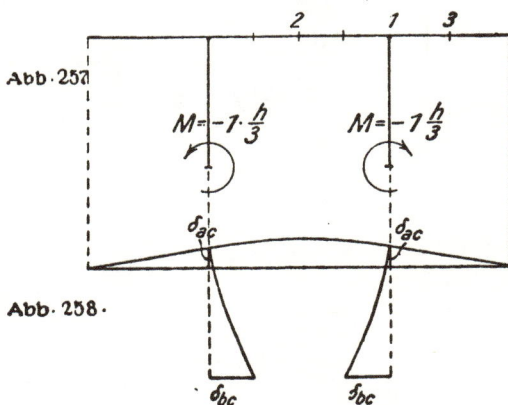

Abb. 257.

Abb. 258.

Punkt (c) wagerecht

$$\frac{P}{2} \cdot \delta_{mb} - X_a \cdot \delta_{ab} - X_b \cdot \delta_{bb} + X_b \cdot \delta_{bc} = 0$$

oder

$$\frac{P}{2} \cdot \delta_{ma} - X_a \cdot \delta_{aa} - X_b (\delta_{ab} - \delta_{ac}) = 0$$

$$\frac{P}{2} \cdot \delta_{mb} - X_a \cdot \delta_{ab} - X_b (\delta_{bb} - \delta_{bc}) = 0.$$

Hieraus

$$X_a = \frac{P}{2} \cdot \frac{\delta_{ma} \cdot \dfrac{\delta_{bb} - \delta_{bc}}{\delta_{ab} - \delta_{ac}} - \delta_{mb}}{\delta_{aa} \cdot \dfrac{\delta_{bb} - \delta_{bc}}{\delta_{ab} - \delta_{ac}} - \delta_{ab}} = \frac{P}{2} \cdot \frac{\delta_{ma} \cdot a_1 - \delta_{mb}}{C}$$

und

$$X_b = \frac{P}{2} \cdot \frac{\delta_{mb} \cdot \dfrac{\delta_{aa}}{\delta_{ab}} - \delta_{ma}}{\delta_{aa} \cdot \dfrac{\delta_{bb} - \delta_{bc}}{\delta_{ab} - \delta_{ac}} - \delta_{ab}} \cdot \frac{\delta_{ab}}{\delta_{ab} - \delta_{ac}} = \frac{P}{2} \cdot \frac{\delta_{mb} \cdot a_2 - \delta_{ma}}{C} \cdot a_3.$$

Ausrechnung der X_a-Linie und der X_b-Linie nach vorstehenden Formeln. Auftragung der gefundenen Ordinaten siehe Abb. 259 und 260.

$$X_a = \frac{P}{2} \cdot \eta' \quad \text{und} \quad X_b = \frac{P}{2} \cdot \eta''.$$

Ermittlung der Einflußlinie für den Endauflagerdruck:

$$A_1 = \frac{P}{2} - X_a = \frac{P}{2} \{1 - \eta'\}.$$

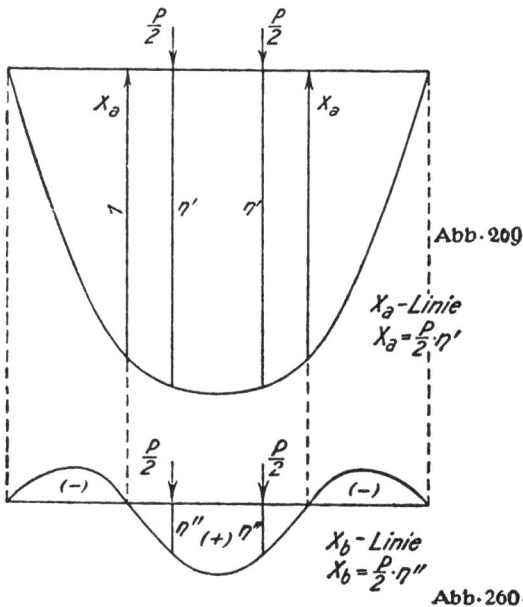

Abb. 259

X_a-Linie
$X_a = \frac{P}{2} \cdot \eta'$

X_b-Linie
$X_b = \frac{P}{2} \cdot \eta''$

Abb. 260.

Auftragung der Beziehung Abb. 261.

Ermittlung der Einflußlinie des Momentes für einen beliebigen Punkt m im Mittelfeld des Balkens:

Aufstellung der Lasten $\frac{P}{2}$ in den Punkten m.

$$M_m = \frac{P}{2}(l_1 + m) - X_a \cdot l_1 - X_b \cdot h + X_b \cdot \frac{h}{3},$$

$$= \frac{P}{2}(l_1 + m) - X_a \cdot l_1 - X_b \cdot \frac{2 \cdot h}{3},$$

$$= \frac{P}{2} \cdot l_1 \left\{ \frac{l_1 + m}{l_1} - \eta' - \eta'' \cdot \frac{2 \cdot h}{3 \cdot l_1} \right\}.$$

7*

Konstruktion dieser Beziehung und Übertragung der Ordinaten auf eine wagerechte Basis. (Abb. 262.)

$$M_m = \frac{P}{2} \cdot l_1 \cdot \eta.$$

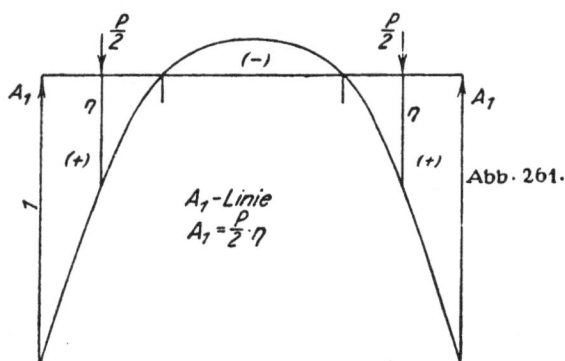

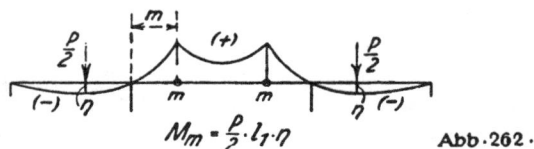

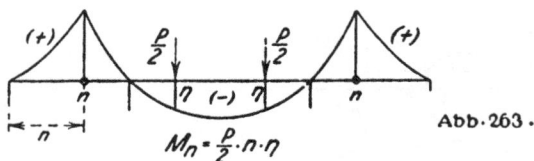

Abb. 261.

A_1-Linie
$A_1 = \frac{P}{2} \cdot \eta$

$M_m = \frac{P}{2} \cdot l_1 \cdot \eta$

Abb. 262.

$M_n = \frac{P}{2} \cdot n \cdot \eta$

Abb. 263.

Ermittlung der Einflußlinie des Momentes für irgendeinen Punkt n im Endfeld des Balkens:

Aufstellung der Lasten $\frac{P}{2}$ in den Punkten n.

$$M_n = \frac{P}{2} \cdot n - X_a \cdot n = \frac{P}{2} \cdot n \left\{ 1 - \eta' \right\}.$$

Konstruktion des Ausdruckes und Übertragung der Ordinate auf eine wagerechte Basis. (Abb. 263.)

$$M_n = \frac{P}{2} \cdot n \cdot \eta.$$

Teilbelastung II (Abb. 252).

1. Belastung des Tragwerkes durch $X_d = -1$. (Abb. 264.) Aufzeichnung der Biegungslinie des Balkens. (Abb. 265.)

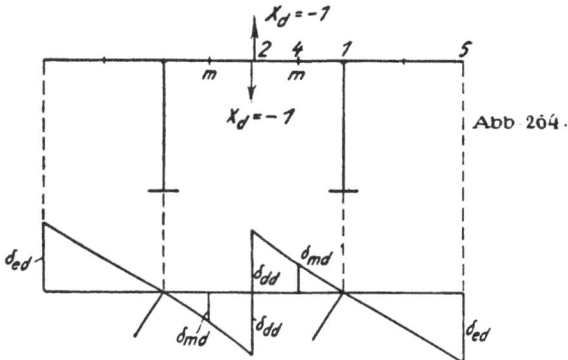

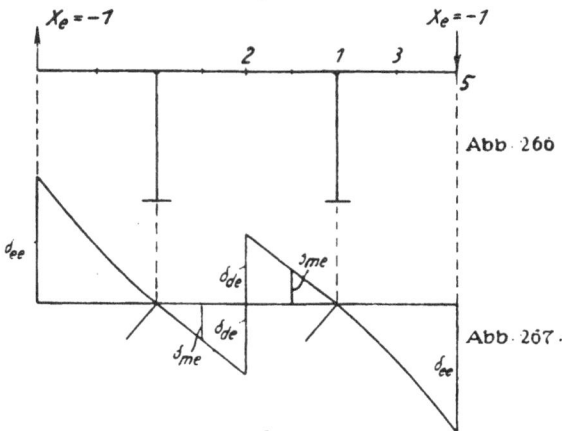

Abb. 264.

Abb. 265.

Abb. 266

Abb. 267.

Stichpunkte:

$$\delta_{dd}{}^1 = \frac{1 \cdot l_2{}^3}{24 \cdot J_2} + \frac{1 \cdot l_2{}^2 \cdot h}{4 \cdot J_3},$$

$$\delta_{ed}{}^5 = \frac{1 \cdot l_1 \cdot l_2 \cdot h}{2 \cdot J_3},$$

$$\delta_{md}{}^4 = \frac{1 \cdot 5 \cdot l_2{}^3}{384 \cdot J_2} + \frac{1 \cdot l_2{}^2 \cdot h}{8 \cdot J_3}.$$

2. Belastung des Tragwerks durch $X_e = -1$. (Abb. 266.) Aufzeichnung der Biegungslinie des Balkens. (Abb. 267.)

Stichpunkte:

$$\delta_{ee}{}^5 = \frac{1 \cdot l_1{}^3}{3 \cdot J_1} + \frac{1 \cdot l_1{}^2 \cdot h}{J_3},$$

$$\delta_{de}{}^2 = \frac{1 \cdot l_1 \cdot l_2 \cdot h}{2 \cdot J_3},$$

$$\delta_{me}{}^3 = \frac{1 \cdot 5 \cdot l_1{}^3}{48 \cdot J_1} + \frac{1 \cdot l_1{}^2 \cdot h}{2 \cdot J_3}.$$

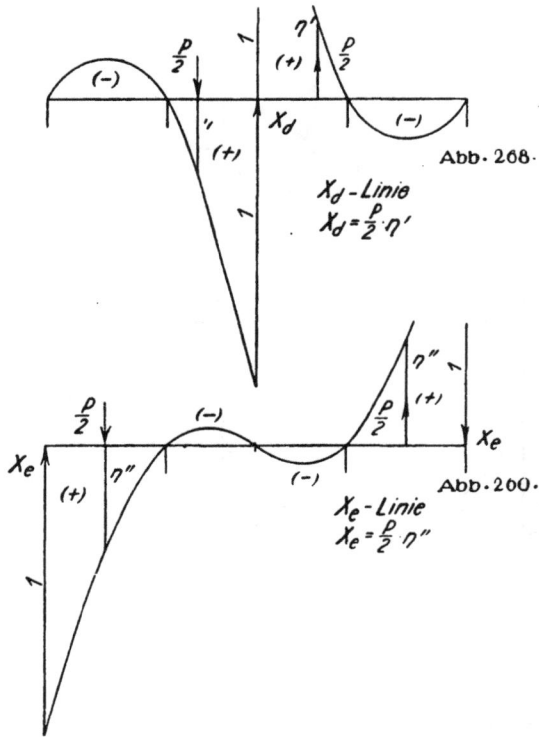

Abb. 268.

X_d-Linie
$X_d = \frac{P}{2} \cdot \eta'$

Abb. 200.

X_e-Linie
$X_e = \frac{P}{2} \cdot \eta''$

Auf Grund der Verschiebungen:

Punkt d senkrecht

$$\frac{P}{2} \cdot \delta_{md} - X_d \cdot \delta_{dd} - X_e \cdot \delta_{de} = 0.$$

Punkt e senkrecht

$$\frac{P}{2} \cdot \delta_{me} - X_d \cdot \delta_{de} - X_e \cdot \delta_{ee} = 0.$$

Hieraus

$$X_d = \frac{P}{2} \cdot \frac{\delta_{md} \cdot \dfrac{\delta_{ee}}{\delta_{de}} - \delta_{me}}{\delta_{dd} \cdot \dfrac{\delta_{ee}}{\delta_{de}} - \delta_{de}} = \frac{P}{2} \cdot \frac{\delta_{md} \cdot a_1 - \delta_{me}}{C}$$

$$X_e = \frac{P}{2} \cdot \frac{\delta_{me} \cdot \dfrac{\delta_{dd}}{\delta_{de}} - \delta_{md}}{\delta_{dd} \cdot \dfrac{\delta_{ee}}{\delta_{de}} - \delta_{de}} = \frac{P}{2} \cdot \frac{\delta_{me} \cdot a_2 - \delta_{md}}{C}.$$

Ausrechnung der X_d-Linie und der X_e-Linie nach vorstehenden Formeln. Auftragung der gefundenen Ordinaten siehe Abb. 268 und 269.

$$X_d = \frac{P}{2} \cdot \eta' \quad \text{und} \quad X_e = \frac{P}{2} \cdot \eta''.$$

Ermittlung der Einflußlinie für den mittleren Stützendruck:

$$B_1 = \frac{P}{2} + X_e - X_d = \frac{P}{2}(1 + \eta'' - \eta') \left(\text{Lasten } \frac{P}{2} \text{ im Mittelfeld}\right)$$

$$B_1 = \qquad = \frac{P}{2}(1 + \eta' - \eta'') \left(\text{Lasten } \frac{P}{2} \text{ im Endfeld}\right).$$

Auftragung der Beziehung Abb. 270.

$$B_1 = \frac{P}{2} \cdot \eta'''.$$

Ermittlung der Einflußlinie des Momentes für einen Punkt m im Mittelfeld. Aufstellung der Lasten $\frac{P}{2}$ in den Punkten m.

$$M_m = + X_d \left(\frac{l_2}{2} - m\right) = \frac{P}{2}\left(\frac{l_2}{2} - m\right) \cdot \eta'.$$

Der Ausdruck muß denselben Klammerfaktor haben wie bei Teilbelastung I. Somit

$$M_m = \frac{P}{2} \cdot l_1 \left\{ \frac{\dfrac{l_2}{2} - m}{l_1} \cdot \eta' \right\}.$$

Auftragung der Beziehung Abb. 271.

$$M_m = \frac{P}{2} \cdot l_1 \cdot \eta.$$

Ermittlung der Einflußlinie des Momentes für einen Punkt n im Endfeld.

Aufstellung der Lasten $\dfrac{P}{2}$ in den Punkten n.

$$M_n = X_e \cdot n = \frac{P}{2} \cdot n \cdot \eta''.$$

Auftragung der Beziehung Abb. 272.

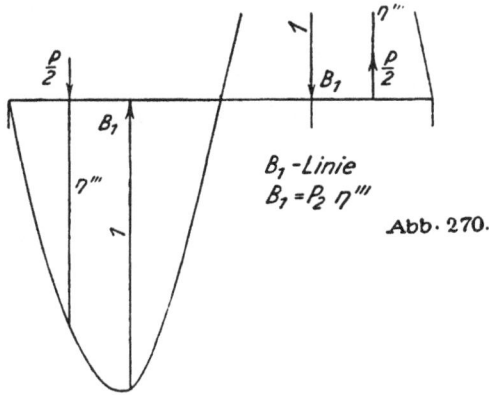

B_1-Linie
$B_1 = P_2 \, \eta'''$

Abb. 270.

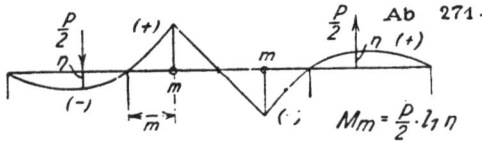

Ab 271.

$M_m = \dfrac{P}{2} \cdot l_1 \, \eta$

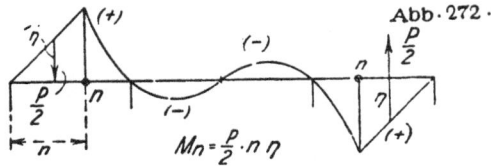

Abb. 272.

$M_n = \dfrac{P}{2} \cdot n \, \eta$

Zusammensetzung der Ergebnisse aus den beiden Teilbelastungen:

Einflußlinie des mittleren Stützendruckes:

Addition der Ordinaten der Linien Abb. 259 und 270.
Das Ergebnis ist in der Abb. 273 vor Augen geführt.

$$X_a' = P \cdot \eta \quad \text{bzw.} \quad P_1 \cdot \eta_1 + P_2 \cdot \eta_2 + \cdots.$$

Einflußlinie des Endauflagerdruckes:

Addition der Ordinaten der Linien Abb. 261 u. 269. Ergebnis siehe Abb. 274.

$$A = P \cdot \eta \ \text{bzw.} \ P_1 \cdot \eta_1 + P_2 \cdot \eta_2 + \cdots.$$

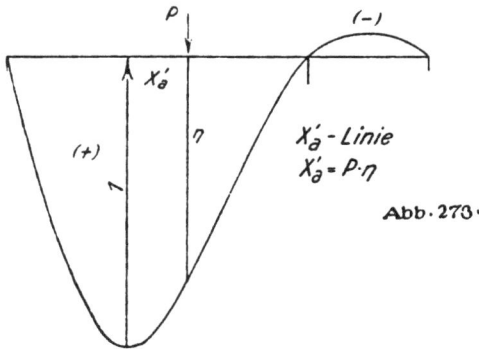

Abb. 273.

$$X_a' - Linie$$
$$X_a' = P \cdot \eta$$

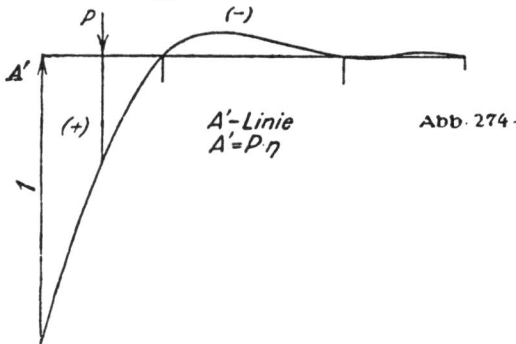

Abb. 274.

$$A' - Linie$$
$$A' = P \cdot \eta$$

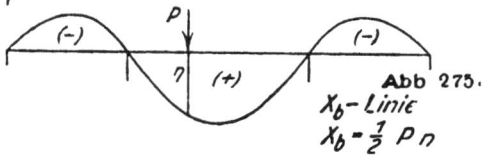

Abb 275.

$$X_b - Linie$$
$$X_b = \frac{1}{2} P \eta$$

Einflußlinie des wagerechten Schubes am Pfostenfuß:
Abb. 260. Nochmalige Darstellung der Linie in der Abb. 275.

$$X_b = \frac{1}{2} \cdot P \cdot \eta \ \text{bzw.} \ \frac{1}{2} \{ P_1 \cdot \eta_1 + P_2 \cdot \eta_2 + \cdots \}.$$

Einflußlinie des Momentes für den Punkt m im Mittelfeld:
Addition der Ordinaten der Linien Abb. 262 und 271. Ergebnis siehe Abb. 276.

$$M_m = \frac{1}{2} \cdot P \cdot l_1 \cdot \eta \ \text{bzw.} \ \frac{l_1}{2} \{ P_1 \cdot \eta_1 + P_2 \cdot \eta_2 + \cdots \}.$$

Einflußlinie des Momentes für den Punkt n im Endfeld des Balkens:

Addition der Ordinaten der Linien Abb. 263 und 272. Ergebnis
siehe Abb. 277.

$$M_n = \frac{1}{2} \cdot P \cdot n \cdot \eta \text{ bzw. } \frac{n}{2} \{ P_1 \cdot \eta_1 + P_2 \cdot \eta_2 + \cdots \}.$$

Die Ermittlung der Wirkung einer Wärmeänderung an dem
Tragwerk erfolgt in derselben Weise wie beim vorhergehenden Bei-
spiel, nämlich auf Grund der in den Abb. 254, 256 und 258 gefundenen
Verschiebungen am Pfostenfuß. Es brauchen in den beiden zur

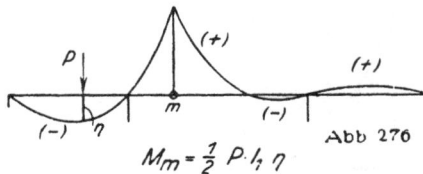

Abb 276

$$M_m = \frac{1}{2} P \cdot l_1 \eta$$

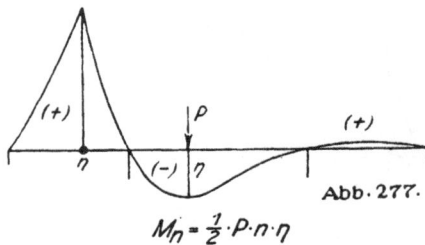

Abb. 277.

$$M_n = \frac{1}{2} \cdot P \cdot n \cdot \eta$$

Teilbelastung I gehörenden oben angeschriebenen Elastizitätsgleichungen an Stelle der Verschiebungen infolge der Lasten $\frac{P}{2}$ wiederum
nur die entsprechenden, durch die Wärmeänderung hervorgerufenen
Verschiebungen eingeführt zu werden. Statt δ_{ma} ist zu setzen $\delta_{am} =$
$a \cdot t \cdot h$ und statt δ_{mb} der Wert $\delta_{bm} = a \cdot t \cdot \frac{l_2}{2}$.

Beispiel 37. Ein Rahmen-Träger mit parallelen Gurten
nach Abb. 278. (Vierendeel-Träger.)

Anzahl der gleich weiten Felder sechs. Sämtliche senkrechten
Pfosten haben das gleiche Trägheitsmoment. Ebenso mögen die
Trägheitsmomente der Gurte einander gleich sein. Die Lasten greifen
am Obergurt an, doch überall in den Knotenpunkten, so daß un-

mittelbare Biegung der Gurtstrecken zwischen den Knoten nicht in Frage kommt.

Gesucht sind die Einflußlinien für gewisse statisch unbestimmte Größen, die eine Berechnung des Tragwerkes ermöglichen. Im weiteren mögen dann auch die Einflußlinien für die Momente an einigen Gurtstellen ermittelt werden.

Als statisch unbestimmte Größen werden zweckmäßig die Querkräfte in der Mitte der senkrechten Pfosten eingeführt. Man hat dann sechs unbekannte Größen. Es liegt auf der Hand, daß die Ermittlung der gewünschten Einflußlinien in der üblichen Weise eine außerordentlich schwierige und zeitraubende, ja praktisch kaum durchführbare Aufgabe darstellt. Es möge nun einmal versucht werden, der Aufgabe mit Hilfe unseres Verfahrens der Belastungsumordnung beizukommen; es wird sich dann zeigen, daß die Lösung ungemein

Abb. 278.

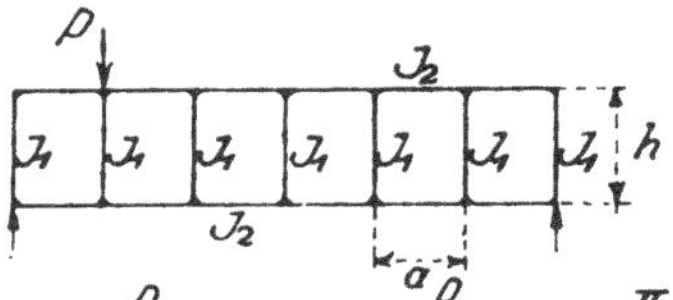

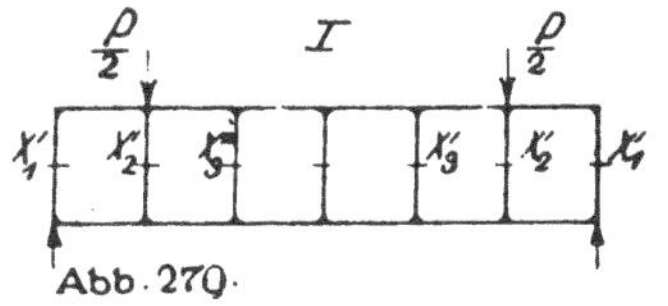

Abb. 279.

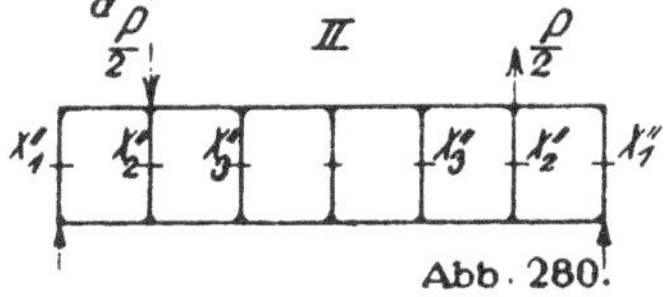

Abb. 280.

einfach gelingt und daß auf diesem Wege eine Berechnung von Vierendeelträgern dieser Art ohne Schwierigkeit durchgeführt werden kann.

Den Einflußlinien wird wie gewöhnlich eine wandernde Last P zugrunde gelegt. Wir ordnen die Belastung um in die beiden Teilbelastungen I und II. (Abb. 279 und 280.) Bei der Teilbelastung I treten nur drei statisch unbestimmte Querkräfte in der Mitte der senkrechten Pfosten auf. Wir bezeichnen sie mit X_1', X_2' und X_3'. Dasselbe ist der Fall bei der Teilbelastung II. Diese Größen mögen mit X_1'', X_2'' und X_3'' benannt werden. Wir haben somit statt einer sechsfach statisch unbestimmten Aufgabe nunmehr nur zwei Einzelrechnen von je dreifacher statischer Unbestimmtheit. Dazu kommt der Vorteil, daß die Ermittlungen sich jedesmal nur über eine Hälfte des Tragwerks erstrecken.

Aber wir können jede dieser Einzelaufgaben durch ein besonderes Vorgehen noch weiter erheblich vereinfachen. Man hat dann nur noch jedesmal eine Aufgabe von zweifacher statischer Unbestimmtheit, womit die Einfachheit der Berechnung wohl nichts mehr zu wünschen übrig läßt.

Teilbelastung I (Abb. 279).

Ermittlung der Einflußlinie für die Querkraft X_1' in der Mitte des ersten Pfostens bei dem wandernden Lastenpaar $\dfrac{P}{2}$.

In der Abb. 281 ist die obere Hälfte des Trägers mit den angreifenden unbekannten Größen zur Darstellung gebracht. Unser besonderes Vorgehen besteht darin, daß wir an Stelle von X_1' die Last — 1 treten lassen und für diesen Belastungszustand die Biegungslinie des Obergurtes suchen, die dann die Einflußlinie für die Größe X_1' darstellt. Bei diesem Verfahren hat man dann nur die beiden Unbekannten X_2' und X_3', nach deren Ermittlung die Aufzeichnung der gesuchten Einflußlinie leicht erfolgen kann.

Die fraglichen Größen X_1' und X_2' können auf Grund der Bedingung berechnet werden, daß die Summe der elastischen Verschiebungen der Pfostenmittelpunkte 2 und 3 zu Null führen muß. Die Verschiebungen werden mit Hilfe des früher schon häufig angewendeten Satzes vom zweiten Moment nach Mohr ermittelt.

Abb. 282: Belastung des Systems durch $X_1' = -1$,
Abb. 283:   „   „   „   „ X_2',
Abb. 284:   „   „   „   „ X_3'.

Die elastischen Verschiebungen der Punkte 2 und 3 infolge der Zustände $X_1 = -1$, X_2' und X_3' sind unterhalb der vorstehenden Abbildungen angeschrieben. Es muß sein:

Zu Punkt 2:

$$1 \cdot \frac{a \cdot h^2}{2 \cdot J_2} - X_2' \cdot \frac{h^3}{24 \cdot J_1} - X_2' \cdot \frac{a \cdot h^2}{2 \cdot J_2} - X_3' \cdot \frac{a \cdot h^2}{4 \cdot J_2} = 0.$$

Zu Punkt 3:

$$1 \cdot \frac{a \cdot h^2}{4 \cdot J_2} - X_2' \cdot \frac{a \cdot h^2}{4 \cdot J_2} - X_3' \cdot \frac{h^3}{24 \cdot J_1} \cdots X_3' \cdot \frac{a \cdot h^2}{4 \cdot J_2} = 0.$$

Oder

$$X_2' \cdot \left(a + \frac{h}{12} \cdot \frac{J_2}{J_1}\right) + X_3' \cdot \frac{a}{2} = 1 \cdot a,$$

$$X_2' \cdot a + X_3 \left(a + \frac{h}{6} \cdot \frac{J_2}{J_1}\right) = 1 \cdot a.$$

Diese beiden Gleichungen liefern die gesuchten Größen X_2' und X_3'.

Es mögen einmal folgende Zahlen angenommen werden

$$a = 4,0 \text{ m}, \quad h = 4,8 \text{ m}, \quad \frac{J_2}{J_1} = \frac{3}{2}.$$

Dann folgt

$$X_2' \cdot 4,60 + X_3' \cdot 2,00 = 1 \cdot 4,$$
$$X_2' \cdot 4,00 + X_3' \cdot 5,20 = 1 \cdot 4.$$

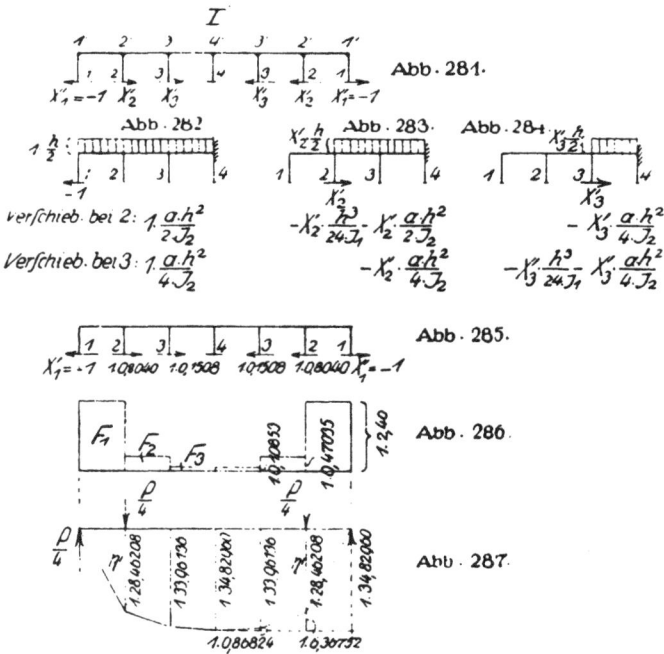

Abb. 281.

Abb. 282. Abb. 283. Abb. 284.

Abb. 285.

Abb. 286.

Abb. 287.

Hieraus

$$X_2' = 1 \cdot 0,80402$$

und

$$X_3' = 1 \cdot 0,15076.$$

Es kommt jetzt darauf an, die Biegungslinie des Gurtes für diesen Belastungszustand $X_1' = -1$ zu ermitteln. Man löst die Aufgabe am besten rechnerisch und benutzt dazu zweckmäßig den Satz vom zweiten Moment. Es handelt sich hierbei um eine geringfügige Arbeit, da nur die Ordinaten der Biegungslinie bei den Knotenpunkten berechnet zu werden brauchen.

In der Abb. 286 sind die Momente des Gurtes infolge vorliegenden Belastungszustandes dargestellt. Die Werte berechnen sich wie folgt:

Bei Knoten 1':

$$M = 1 \cdot \frac{h}{2} = 1 \cdot 2{,}40.$$

Bei Knoten 2':

$$M = 1 \cdot \frac{h}{2}(1 - 0{,}80402) = 1 \cdot 0{,}47035.$$

Bei Knoten 3':

$$M = 1 \cdot \frac{h}{2}(1 - 0{,}80402 - 0{,}15076) = 1 \cdot 0{,}10853.$$

Die Flächen der Momente betragen:

$$\begin{aligned}
F_1 &= 1 \cdot 2{,}40 \quad\; \cdot 4 = 1 \cdot 9{,}60000, \\
F_2 &= 1 \cdot 0{,}47035 \cdot 4 = 1 \cdot 1{,}88140, \\
F_3 &= 1 \cdot 0{,}10853 \cdot 4 = 1 \cdot 0{,}43412.
\end{aligned}$$

Man erhält sodann folgende senkrechte Knotenverschiebungen:

Knoten 1':
$$\begin{aligned}
1 \cdot 9{,}60000 \cdot \; 2 &= 1 \cdot 19{,}20000 \\
1 \cdot 1{,}88140 \cdot \; 6 &= 1 \cdot 11{,}28840 \\
1 \cdot 0{,}43412 \cdot 10 &= 1 \cdot 4{,}34120 \\
\hline
\eta_1 &= 1 \cdot 34{,}82960
\end{aligned}$$

Knoten 2':
$$\begin{aligned}
1 \cdot 1{,}88140 \cdot \; 2 &= 1 \cdot 3{,}76280 \\
1 \cdot 0{,}43412 \cdot \; 6 &= 1 \cdot 2{,}60472 \\
\hline
\eta_2 &= 1 \cdot 6{,}36752
\end{aligned}$$

Knoten 3':
$$\begin{aligned}
1 \cdot 0{,}43412 \cdot \; 2 &= 1 \cdot 0{,}86824 \\
\eta_3 &= 1 \cdot 0{,}86824.
\end{aligned}$$

In der Abb. 287 sind die entsprechenden Ordinaten der Biegungslinie aufgezeichnet. An Stelle der Kurven zwischen den Knoten wurden einfach gerade Linien eingezogen.

Wir haben nunmehr noch die wagerechte Verschiebung des Angriffspunktes von $X_1' = -1$ zu ermitteln. Auf demselben Wege wie oben erhält man aus dem Gurte

$$\begin{aligned}
& 1 \cdot 9{,}60000 \cdot 2{,}4 + 1 \cdot 1{,}88140 \cdot 2{,}4 + 1 \cdot 0{,}43412 \cdot 2{,}40 \\
&= 1 \cdot 23{,}04000 + 1 \cdot 4{,}51536 + 1 \cdot 1{,}04189 \\
&= 1 \cdot 28{,}59725.
\end{aligned}$$

Der Pfosten bei 1 ergibt

$$1 \cdot \frac{h^3}{24 \cdot \dfrac{J_1}{J_2}} = 1 \cdot \frac{\overline{4{,}80}^3}{24 \cdot \dfrac{2}{3}} = 1 \cdot 6{,}91200.$$

Die Gesamtverschiebung beträgt somit

$$\delta_1' = 1 \cdot 28{,}59725 + 1 \cdot 6{,}91200 = 1 \cdot 35{,}50925 = \infty\, 1 \cdot 35{,}51.$$

Bezeichnet η die Ordinate der Biegungslinie, gemessen unter dem wandernden Lastenpaar, dann ist

$$X_1' = \frac{P}{4} \cdot \frac{\eta'}{\delta_1'} = \frac{P}{4} \cdot \frac{\eta'}{35{,}51}.$$

Hierbei ist folgendes zu beachten: Bei der Ermittlung der statisch unbestimmten Größen wurde der verschwindend geringe Einfluß der Formänderung aus den Normal- und Querkräften vernachlässigt. Dies setzt dann auch voraus, daß sich die Belastung des Tragwerks stets zur Hälfte auf den Ober- und Untergurt verteilt. Man hat also bei der Betrachtung der oberen Hälfte des Systems statt des Lastenpaares $\dfrac{P}{2}$ nur das Lastenpaar $\dfrac{P}{4}$.

Teilbelastung II (Abb. 280).

Wiederum Ermittlung der Einflußlinie für die Querkraft X_1'' in der Mitte des ersten Pfostens bei dem wandernden Lastenpaar $\dfrac{P}{2}$.

In der Abb. 288 wurde wie oben die obere Hälfte des Trägers mit den unbekannten Größen vor Augen geführt. Wir lassen an Stelle der Kraft X_1'' wieder die Kraft — 1 treten und ermitteln die Biegungslinie des Obergurtes, die wie früher die Einflußlinie für die Größe X_1'' darstellt. Unbekannt sind dann wieder nur die beiden Größen X_2'' und X_3'', nach deren Kenntnis die Auftragung der gesuchten Einflußlinie leicht vorgenommen werden kann.

Die Berechnung der fraglichen Größen erfolgt wieder auf Grund der Bedingung, daß die Summe der elastischen Verschiebungen der Pfostenmittelpunkte 2 und 3 zu Null führen muß.

Abb. 289: Belastung des Systems durch $X_1'' = -1$,

Abb. 290:   ,,   ,,   ,,   ,, X_2'',

Abb. 291:   ,,   ,,   ,,   ,, X_3''.

Die Verschiebungen der Punkte 2 und 3 in Richtung der unbekannten Größen sind wieder unterhalb der Abbildungen angeschrieben. Es muß sein:

Zu Punkt 2:

$$2 \cdot 1 \cdot \frac{h^3}{24 \cdot J_1} + 1 \cdot \frac{a \cdot h^2}{2 \cdot J_2} - 3 \cdot X_2{''} \cdot \frac{h^3}{24 \cdot J_1} -$$

$$- X_2{''} \cdot \frac{a \cdot h^2}{2 \cdot J_2} - 2 \cdot X_3{''} \cdot \frac{h^3}{24 \cdot J_1} - X_3{''} \cdot \frac{a \cdot h^2}{4 \cdot J_2} = 0.$$

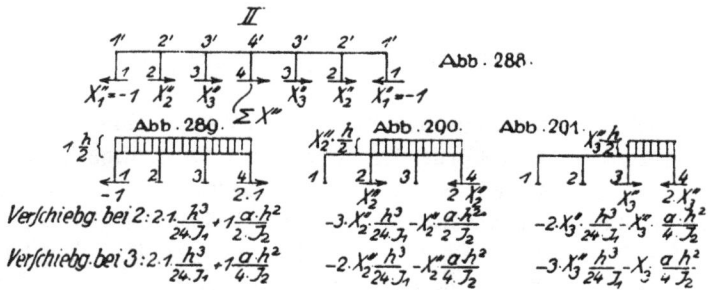

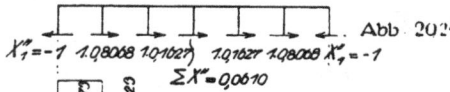

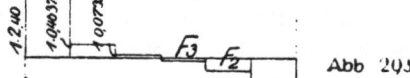

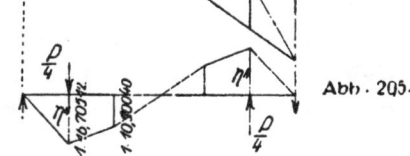

Abb. 288.

Abb. 289.

Abb. 290.

Abb. 291.

Verschiebg. bei 2: $2 \cdot 1 \cdot \frac{h^3}{24 \cdot J_1} + 1 \cdot \frac{a \cdot h^2}{2 \cdot J_2}$ $\quad -3 \cdot X_2{''} \frac{h^3}{24 \cdot J_1} - X_2{''} \frac{a \cdot h^2}{2 \cdot J_2}$ $\quad -2 \cdot X_3{''} \frac{h^3}{24 \cdot J_1} - X_3{''} \frac{a \cdot h^2}{4 \cdot J_2}$

Verschiebg. bei 3: $2 \cdot 1 \cdot \frac{h^3}{24 \cdot J_1} + 1 \cdot \frac{a \cdot h^2}{4 \cdot J_2}$ $\quad -2 \cdot X_2{''} \frac{h^3}{24 \cdot J_1} - X_2{''} \frac{a \cdot h^2}{4 \cdot J_2}$ $\quad -3 \cdot X_3{''} \frac{h^3}{24 \cdot J_1} - X_3 \frac{a \cdot h^2}{4 \cdot J_2}$

Abb. 292.

Abb. 293.

Abb. 294.

Abb. 295.

Zu Punkt 3:

$$2 \cdot 1 \cdot \frac{h^3}{24 \cdot J_1} + 1 \cdot \frac{a \cdot h^2}{4 \cdot J_2} - 2 \cdot X_2{''} \cdot \frac{h^3}{24 \cdot J_1} -$$

$$- X_2{''} \cdot \frac{a \cdot h^2}{4 \cdot J_2} - 3 \cdot X_3{''} \cdot \frac{h_3}{24 \cdot J_1} - X_3 \cdot \frac{a \cdot h^2}{4 \cdot J_2} = 0.$$

Oder

$$X_2''\left(a + \frac{h}{4} \cdot \frac{J_2}{J_1}\right) + X_3''\left(\frac{a}{2} + \frac{h}{6} \cdot \frac{J_2}{J_1}\right) = 1 \cdot \left(a + \frac{h}{6} \cdot \frac{J_2}{J_1}\right)$$

$$X_2''\left(a + \frac{h}{3} \cdot \frac{J_2}{J_1}\right) + X_3''\left(a + \frac{h}{2} \cdot \frac{J_2}{J_1}\right) = 1 \cdot \left(a + \frac{h}{3} \cdot \frac{J_2}{J_1}\right).$$

Die Zahlen eingesetzt:

$$X_2'' \cdot 5{,}80 + X_3'' \cdot 3{,}20 = 1 \cdot 5{,}20,$$
$$X_2'' \cdot 6{,}40 + X_3'' \cdot 7{,}60 = 1 \cdot 6{,}40.$$

Die Gleichungen liefern

$$X_2'' = 1 \cdot 0{,}80678,$$
$$X_3'' = 1 \cdot 0{,}16271.$$

Wir haben jetzt wieder die Biegungslinie des Obergurtes für diesen Belastungszustand $X_1'' = -1$ zu ermitteln. Die auftretenden Momente sind in der Abb. 293 aufgerissen. Die Werte berechnen sich wie folgt:

Bei Knoten 1':

$$M = 1 \cdot \frac{h}{2} = 1 \cdot 2{,}40.$$

Bei Knoten 2':

$$M = 1 \cdot \frac{h}{2}(1 - 0{,}80678) = 1 \cdot 0{,}46373.$$

Bei Knoten 3':

$$M = 1 \cdot \frac{h}{2}(1 - 0{,}80678 - 0{,}16271) = 1 \cdot 0{,}07323.$$

Die Flächen der Momente sind:

$$F_1 = 1 \cdot 2{,}40 \quad \cdot 4 = 1 \cdot 9{,}60000,$$
$$F_2 = 1 \cdot 0{,}46373 \cdot 4 = 1 \cdot 1{,}85492,$$
$$F_3 = 1 \cdot 0{,}07323 \cdot 4 = 1 \cdot 0{,}29292.$$

Die Rechnung ergibt folgende senkrechte Knotenverschiebungen:

Knoten 1':
$$1 \cdot 9{,}60000 \cdot \ 2 = 1 \cdot 19{,}20000$$
$$1 \cdot 1{,}85492 \cdot \ 6 = 1 \cdot 11{,}12952$$
$$1 \cdot 0{,}29292 \cdot 10 = 1 \cdot \ 2{,}92920$$
$$\overline{\eta_1 = 1 \cdot 33{,}25872}$$

Knoten 2': $\qquad$ $1 \cdot 1{,}85492 \cdot 2 = 1 \cdot 3{,}70984$

$1 \cdot 0{,}29292 \cdot 6 = 1 \cdot 1{,}75752$

$\eta_2 = 5{,}46736$

Knoten 3': $\qquad$ $1 \cdot 0{,}29292 \cdot 2 = 1 \cdot 0{,}58584$

$\eta_3 = 1 \cdot 0{,}58584.$

In der Abb. 294 sind die Werte aufgetragen. Im weiteren veranschaulicht die Abb. 295 die auf eine wagerechte Basis übertragene tatsächliche Biegungslinie. An Stelle der Kurven zwischen den Knoten wurden einfach gerade Linien gezogen.

Zu ermitteln ist nunmehr noch die wagerechte Verschiebung des Angriffspunktes von $X_1'' = -1$. Man erhält:

$$1 \cdot 9{,}60000 \cdot 2{,}40 + 1 \cdot 1{,}85492 \cdot 2{,}40 + 1 \cdot 0{,}29292 \cdot 2{,}40$$
$$= 1 \cdot 23{,}04000 + 1 \cdot 4{,}45181 + 1 \cdot 0{,}70301$$
$$= 1 \cdot 28{,}19482.$$

Die Pfosten liefern:

bei 1:

$$1 \cdot \frac{h^3}{24 \cdot \dfrac{J_1}{J_2}} = 1 \cdot \frac{\overline{4{,}80}^3}{24 \cdot \dfrac{2}{3}} = 1 \cdot 6{,}91200,$$

bei 4:

$$0{,}0610 \cdot \frac{h^3}{24 \cdot \dfrac{J_1}{J_2}} = 0{,}0610 \cdot \frac{\overline{4{,}80}^3}{24 \cdot \dfrac{2}{3}} = 1 \cdot 0{,}42163.$$

Die Gesamtverschiebung beträgt somit:

$$\delta_1'' = 1 \cdot 28{,}19482 + 1 \cdot 6{,}91200 + 1 \cdot 0{,}42163 =$$
$$= 1 \cdot 35{,}52745 = \infty\, 1 \cdot 35{,}53.$$

Bezeichnet nun η die Ordinate der Biegungslinie, gemessen unter dem wandernden Lastenpaar, dann ist

$$X_1'' = \frac{P}{4} \cdot \frac{\eta''}{\delta_1''} = \frac{P}{4} \cdot \frac{\eta''}{35{,}53}.$$

Um nun die gesuchte Einflußlinie der Querkraft X_1 bei einer wandernden Last P nach Abb. 278 zu erhalten, brauchen die Ergebnisse der beiden Teilbelastungen, also Einflußlinie zu I und Einflußlinie zu II, nur zusammengesetzt zu werden.

$$X_1 = X_1' + X_1'' = \frac{P}{4} \cdot \frac{\eta'}{\delta_1'} + \frac{P}{4} \cdot \frac{\eta''}{\delta_1''}$$

$$= P \cdot \frac{1}{4 \cdot \delta_1'} \left(\eta' + \eta'' \cdot \frac{\delta_1'}{\delta_1''} \right).$$

Bei der Zusammensetzung der Biegungslinien müssen also die Ordinaten der Linie zu II mit dem Faktor $\frac{\delta_1'}{\delta_1''}$ multipliziert werden. Der Wert kann mit $\frac{35,51}{35,53} = \sim 1$ eingeführt werden.

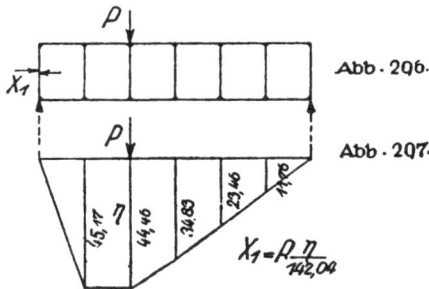

Abb. 296.

Abb. 297.

$$X_1 = P \frac{\eta}{142,04}$$

Man erhält somit schließlich in der Abb. 297 das gewünschte Ergebnis. Bezeichnet η die Ordinate der Linie, gemessen unter der Last P, dann hat man

$$X_1 = P \cdot \frac{\eta}{4 \cdot \delta_1'} = P \cdot \frac{\eta}{4 \cdot 35.51} = P \cdot \frac{\eta}{142,04}.$$

Bei mehreren Lasten

$$X_1 = \frac{1}{142,04} \{ P_1 \cdot \eta_1 + P_2 \cdot \eta_2 + \cdots \}.$$

Teilbelastung I (Abb. 279).

Ermittlung der Einflußlinie für die Querkraft X_2' in der Mitte des zweiten Pfostens bei dem wandernden Lastenpaar $\frac{P}{2}$.

In der Folge mögen die Entwicklungen, da sie eigentlich nur eine Wiederholung des Vorhergehenden darstellen, nur ganz kurz vorgeführt werden.

Abb. 298: Obere Hälfte des Trägers mit der Kraft $X_2' = -1$ und den unbekannten Größen X_1' und X_3'.

Abb. 299: Belastung des Systems durch $X_2' = -1$,

Abb. 300:   „   „   „   „ X_1',

Abb. 301:   „   „   „   „ X_3'.

Unterhalb dieser Abbildungen Anschreibung der elastischen Verschiebungen. Es muß sein:

Zu Punkt 1:

$$1 \cdot \frac{2 \cdot a \cdot h^2}{4 \cdot J_2} - X_1' \cdot \frac{h^3}{24 \cdot J_1} - X_1' \cdot \frac{3 \cdot a \cdot h^2}{4 \cdot J_2} - X_3' \cdot \frac{a \cdot h^2}{4 \cdot J_2} = 0.$$

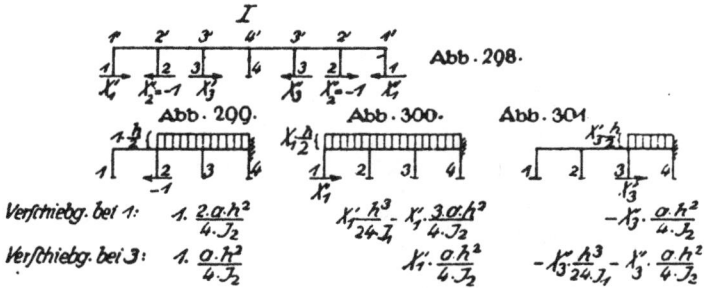

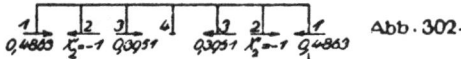

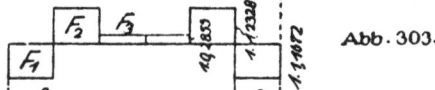

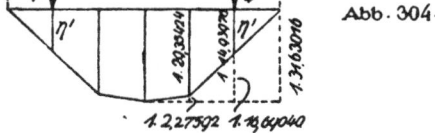

Abb. 298.
Abb. 299. Abb. 300. Abb. 301
Abb. 302.
Abb. 303.
Abb. 304.

Zu Punkt 3:

$$1 \cdot \frac{a \cdot h^2}{4 \cdot J_2} - X_1' \cdot \frac{a \cdot h^2}{4 \cdot J_2} - X_3' \cdot \frac{h^3}{24 \cdot J_1} - X_3' \cdot \frac{a \cdot h^2}{4 \cdot J_2} = 0.$$

Oder

$$X_1' \left(3 \cdot a + \frac{h}{6} \cdot \frac{J_2}{J_1} \right) + X_3' \cdot a = 1 \cdot 2 \cdot a,$$

$$X_1' \cdot a + X_3' \left(a + \frac{h}{6} \cdot \frac{J_2}{J_1} \right) = 1 \cdot a.$$

Die Zahlen liefern:

$$X_1' \cdot 13,20 + X_3' \cdot 4,00 = 1 \cdot 8,00,$$
$$X_1' \cdot 4,00 + X_3' \cdot 5,20 = 1 \cdot 4,00.$$

Hieraus

$$X_1' = 1 \cdot 0,48632,$$
$$X_2' = 1 \cdot 0,39514.$$

Ermittlung der Momente an dem Gurt:

Bei Knoten 1':

$$M = -1 \cdot 0,48632 \cdot \frac{h}{2} = -1 \cdot 1,16717.$$

Bei Knoten 2':

$$M = 1 \cdot \frac{h}{2}(1 - 0,48632) = 1 \cdot 1,23283.$$

Bei Knoten 3':

$$M = 1 \cdot \frac{h}{2}(1 - 0,48632 - 0,39514) = 1 \cdot 0,28449.$$

Auftragung der Werte Abb. 303.

Die Flächen der Momente sind:

$$F_1 = 1 \cdot 1,16717 \cdot 4 = 1 \cdot 4,66868,$$
$$F_2 = 1 \cdot 1,23283 \cdot 4 = 1 \cdot 4,93132,$$
$$F_3 = 1 \cdot 0,28449 \cdot 4 = 1 \cdot 1,13796.$$

Die Knotenverschiebungen betragen:

Knoten 1':	$-1 \cdot 4,66868 \cdot 2 =$	$-1 \cdot 9,33736$
	$1 \cdot 4,93132 \cdot 6 =$	$1 \cdot 29,58792$
	$1 \cdot 1,13796 \cdot 10 =$	$1 \cdot 11,37960$
	$\eta_1 =$	$1 \cdot 31,63016$
Knoten 2':	$1 \cdot 4,93132 \cdot 2 =$	$1 \cdot 9,86264$
	$1 \cdot 1,13796 \cdot 6 =$	$1 \cdot 6,82776$
	$\eta_2 =$	$1 \cdot 16,69040$
Knoten 3':	$1 \cdot 1,13796 \cdot 2 =$	$1 \cdot 2,27592$
	$\eta_3 =$	$1 \cdot 2,27592.$

Abb. 304: Auftragung der Biegungslinie.

Wagerechte Verschiebung des Angriffspunktes von $X_2' = -1$:

$$1 \cdot 4{,}93132 \cdot 2{,}4 + 1 \cdot 1{,}13796 \cdot 2{,}4$$
$$= 1 \cdot 11{,}83517 + 1 \cdot 2{,}73111$$
$$= 1 \cdot 14{,}56628.$$

$$1 \cdot \frac{h^3}{24 \cdot \dfrac{J_1}{J_2}} = 1 \cdot \frac{\overline{4{,}80}^3}{24 \cdot \dfrac{2}{3}} = 1 \cdot 6{,}91200.$$

Gesamtverschiebung:

$$\delta_2' = 1 \cdot 14{,}56628 + 1 \cdot 6{,}91200 = 1 \cdot 21{,}47828 = \backsim 1 \cdot 21{,}48.$$

Es ist

$$X_2' = \frac{P}{4} \cdot \frac{\eta'}{\delta_2'} = \frac{P}{4} \cdot \frac{\eta'}{21{,}48}.$$

Teilbelastung II (Abb. 280).

Ermittlung der Einflußlinie für die Querkraft X_2'' in der Mitte des zweiten Pfostens bei dem wandernden Lastenpaar $\dfrac{P}{2}$.

Abb. 305: Obere Hälfte des Trägers mit der Kraft $X_2'' = -1$ und den unbekannten Größen X_1'' und X_3''.

Abb. 306: Belastung des Systems durch $X_2'' = -1$,
Abb. 307:   „   „   „   „ X_1'',
Abb. 308:   „   „   „   „ X_3''.

Unterhalb dieser Abbildungen Anschreibung der elastischen Verschiebungen. Es muß sein:

Zu Punkt 1:

$$2 \cdot 1 \cdot \frac{h^3}{24 \cdot J_1} + 1 \cdot \frac{2 \cdot a \cdot h^2}{4 \cdot J_2} - X_1'' \cdot \frac{3 \cdot h^3}{24 \cdot J_1} -$$
$$- X_1'' \cdot \frac{3 \cdot a \cdot h^2}{4 \cdot J_2} - X_3'' \cdot \frac{2 \cdot h^3}{24 \cdot J_1} - X_3'' \cdot \frac{a \cdot h^2}{4 \cdot J_2} = 0.$$

Zu Punkt 3:

$$2 \cdot 1 \cdot \frac{h^3}{24 \cdot J_1} + 1 \cdot \frac{a \cdot h^2}{4 \cdot J_2} - X_1'' \cdot \frac{2 \cdot h^3}{24 \cdot J_1} -$$
$$- X_1'' \cdot \frac{a \cdot h^2}{4 \cdot J_2} - X_3'' \cdot \frac{3 \cdot h^3}{24 \cdot J_1} - X_3'' \cdot \frac{a \cdot h^2}{4 \cdot J_2} = 0.$$

Oder

$$X_1'' \cdot 3 \cdot \left(a + \frac{h}{6} \cdot \frac{J_2}{J_1}\right) + X_3'' \left(a + \frac{h}{3} \cdot \frac{J_2}{J_1}\right) = 1 \cdot \left(2 \cdot a + \frac{h}{3} \cdot \frac{J_2}{J_1}\right)$$

$$X_1'' \left(a + \frac{h}{3} \cdot \frac{J_2}{J_1}\right) + X_3'' \left(a + \frac{h}{2} \cdot \frac{J_2}{J_1}\right) = 1 \cdot \left(a + \frac{h}{3} \cdot \frac{J_2}{J_1}\right).$$

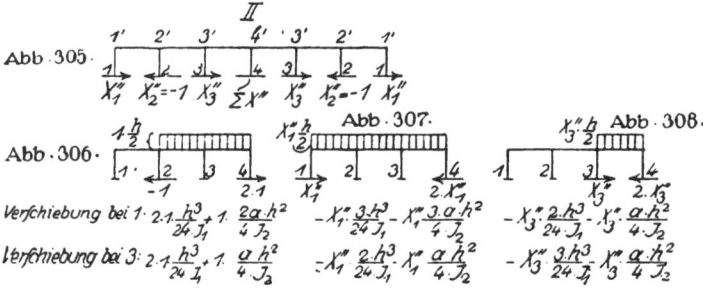

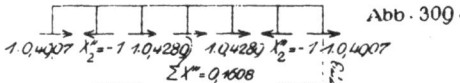

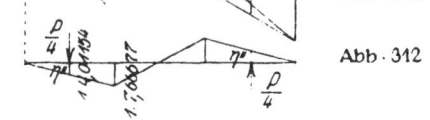

Abb. 305.

Abb. 306.   Abb. 307.   Abb. 308.

Verschiebung bei 1: $2 \cdot 1 \frac{h^3}{24 J_1} + 1 \cdot \frac{2 a \cdot h^2}{4 J_2}$ $-X_1'' \frac{3 h^3}{24 J_1} - X_1'' \frac{3 a \cdot h^2}{4 J_2}$ $-X_3'' \frac{2 h^3}{24 J_1} - X_3'' \frac{a \cdot h^2}{4 J_2}$

Verschiebung bei 3: $2 \cdot 1 \frac{h^3}{24 J_1} + 1 \cdot \frac{a h^2}{4 J_2}$ $-X_1'' \frac{2 h^3}{24 J_1} X_1'' \frac{a h^2}{4 J_2}$ $-X_3'' \frac{3 h^3}{24 J_1} X_3'' \frac{a \cdot h^2}{4 J_2}$

Abb. 309.

Abb. 310.

Abb. 311.

Abb. 312.

Die Zahlen liefern

$$X_1'' \cdot 15{,}60 + X_3'' \cdot 6{,}40 = 10{,}40,$$
$$X_1'' \cdot 6{,}40 + X_3'' \cdot 7{,}60 = 6{,}40.$$

Hieraus

$$X_1'' = 1 \cdot 0{,}49072,$$
$$X_3'' = 1 \cdot 0{,}42887.$$

Ermittlung der Momente an dem Gurt:

Bei Knoten 1':

$$M = -1 \cdot 0{,}49072 \cdot \frac{h}{2} = -1 \cdot 1{,}17773.$$

Bei Knoten 2':

$$M = 1 \cdot \frac{h}{2} (1 - 0{,}49072) = 1 \cdot 1{,}22227.$$

Bei Knoten 3':

$$M = 1 \cdot \frac{h}{2} (1 - 0{,}49072 - 0{,}42887) = 1 \cdot 0{,}19298.$$

Auftragung der Werte Abb. 310.

Die Flächen der Momente sind:

$$F_1 = 1 \cdot 1{,}17773 \cdot 4 = 1 \cdot 4{,}71092,$$
$$F_2 = 1 \cdot 1{,}22227 \cdot 4 = 1 \cdot 4{,}88908,$$
$$F_3 = 1 \cdot 0{,}19298 \cdot 4 = 1 \cdot 0{,}77192.$$

Die Knotenverschiebungen betragen:

Knoten 1':
$$\begin{aligned} -1 \cdot 4{,}71092 \cdot 2 &= -1 \cdot 9{,}42184 \\ 1 \cdot 4{,}88908 \cdot 6 &= 1 \cdot 29{,}33448 \\ 1 \cdot 0{,}77192 \cdot 10 &= \underline{1 \cdot 7{,}71920} \\ \eta_1 &= 1 \cdot 27{,}63184 \end{aligned}$$

Knoten 2':
$$\begin{aligned} 1 \cdot 4{,}88908 \cdot 2 &= 1 \cdot 9{,}77816 \\ 1 \cdot 0{,}77192 \cdot 6 &= \underline{1 \cdot 4{,}63152} \\ \eta_2 &= 1 \cdot 14{,}40968 \end{aligned}$$

Knoten 3':
$$\begin{aligned} 1 \cdot 0{,}77192 \cdot 2 &= 1 \cdot 1{,}54384 \\ \eta_3 &= 1 \cdot 1{,}54384. \end{aligned}$$

Abb. 311: Auftragung der Ordinaten.

Abb. 312: Auftragung der Biegungslinie auf einer wagerechten Basis. Wagerechte Verschiebung des Angriffspunktes von $X_2'' = -1$:

$$1 \cdot 4{,}88908 \cdot 2{,}4 + 1 \cdot 0{,}77192 \cdot 2{,}4$$
$$= 1 \cdot 13{,}58640.$$

$$1 \cdot \frac{h^3}{24 \cdot \frac{2}{3}} + 1 \cdot 0{,}16082 \cdot \frac{h^3}{24 \cdot \frac{2}{3}}$$

$$1 \cdot 6{,}91200 + 1 \cdot 1{,}11159 = 1 \cdot 8{,}02359.$$

Gesamtverschiebung

$$\delta_2'' = 1 \cdot 13{,}5864 + 1 \cdot 8{,}02359 = 1 \cdot 21{,}60999 = \sim 1 \cdot 21{,}61.$$

Es ist
$$X_2'' = \frac{P}{4} \cdot \frac{\eta''}{\delta_2''} = \frac{P}{4} \cdot \frac{\eta''}{21{,}61}.$$

Gesuchte Einflußlinie für X_2 durch Zusammensetzung der Teilergebnisse:

$$X_2 = X_2' + X_2''$$
$$= \frac{P}{4} \cdot \frac{\eta'}{\delta_2'} + \frac{P}{4} \cdot \frac{\eta''}{\delta_2''}$$
$$= P \cdot \frac{1}{4 \cdot \delta_2'} \left(\eta' + \eta'' \cdot \frac{\delta_2'}{\delta_2''} \right).$$

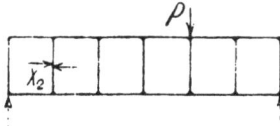

Abb 313

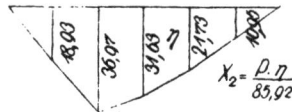

Abb 314

Auftragung der Linie Abb. 314.

Für eine wandernde Last P auf dem Träger ist

$$X_2 = P \cdot \frac{\eta}{4 \cdot \delta_2'} = P \cdot \frac{\eta}{85{,}92}.$$

Oder $\qquad X_2 = \frac{1}{85{,}92} \{ P_1 \cdot \eta_1 + P_2 \cdot \eta_2 + \cdots \}.$

Teilbelastung I (Abb. 279).

Ermittlung der Einflußlinie für die Querkraft X_3' in der Mitte des dritten Pfostens bei dem wandernden Lastenpaar $\frac{P}{2}$.

Abb. 315: Obere Hälfte des Trägers mit der Kraft $X_3' = -1$ und den unbekannten Größen X_1' und X_2'.

Abb. 316: Belastung des Systems durch $X_3' = -1$,
Abb. 317: „ „ „ „ X_1',
Abb. 318: „ „ „ „ X_2'.

Unterhalb der Abbildungen Anschreibung der elastischen Verschiebungen. Es muß sein:

Zu Punkt 1:

$$1 \cdot \frac{a \cdot h^2}{4 \cdot J_2} - X_1' \cdot \frac{h^3}{24 \cdot J_1} - X_1' \cdot \frac{3 \cdot a \cdot h^2}{4 \cdot J_2} - X_2' \cdot \frac{2 \cdot a \cdot h^2}{4 \cdot J_2} = 0.$$

Zu Punkt 2:

$$1 \cdot \frac{a \cdot h^2}{4 \cdot J_2} - X_1' \cdot \frac{2 \cdot a \cdot h^2}{4 \cdot J_2} - X_2' \cdot \frac{h^3}{24 \cdot J_1} - X_2' \cdot \frac{2 \cdot a \cdot h^2}{4 \cdot J_2} = 0.$$

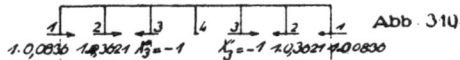

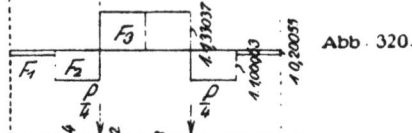

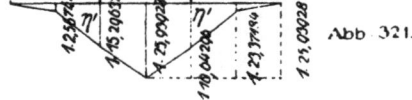

Oder

$$X_1' \left(3 \cdot a + \frac{h}{6} \cdot \frac{J_2}{J_1} \right) + X_2' \cdot 2 \cdot a = 1 \cdot a$$

$$X_1' \cdot 2 \cdot a + X_2' \cdot \left(2 \cdot a + \frac{h}{6} \cdot \frac{J_2}{J_1} \right) = 1 \cdot a.$$

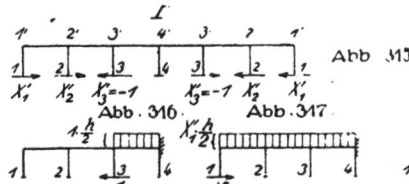

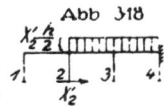

Die Zahlen liefern:

$$X_1' \cdot 13{,}20 + X_2' \cdot 8{,}00 = 1 \cdot 4{,}00,$$
$$X_1' \cdot 8{,}00 + X_2' \cdot 9{,}20 = 1 \cdot 4{,}00.$$

Hieraus:

$$X_1' = 1 \cdot 0{,}08356,$$
$$X_2' = 1 \cdot 0{,}36212.$$

Ermittlung der Momente an dem Gurt:

Bei Knoten 1':

$$M = -- 1 \cdot 0.08356 \cdot \frac{h}{2} = -- 1 \cdot 0{,}20055$$

Bei Knoten 2':

$$M = -1 \cdot \frac{h}{2}(0,08356 + 0,36212) = -1 \cdot 1,06963.$$

Bei Knoten 3':

$$M = 1 \cdot \frac{h}{2}(1 - 0,08356 - 0,36212) = +1 \cdot 1,33037.$$

Auftragung der Werte Abb. 320.

Die Flächen der Momente sind:

$$F_1 = 1 \cdot 0,20055 \cdot 4 = 1 \cdot 0,80220,$$
$$F_2 = 1 \cdot 1,06963 \cdot 4 = 1 \cdot 4,27852,$$
$$F_3 = 1 \cdot 1,33037 \cdot 4 = 1 \cdot 5,32148.$$

Die Knotenverschiebungen betragen:

Knoten 1':
$$-1 \cdot 0,80220 \cdot 2 = -1 \cdot 1,60440$$
$$-1 \cdot 4,27852 \cdot 6 = -1 \cdot 25,67112$$
$$+1 \cdot 5,32148 \cdot 10 = +1 \cdot 53,21480$$
$$\eta_1 = 1 \cdot 25,93928.$$

Knoten 2':
$$-1 \cdot 4,27852 \cdot 2 = -1 \cdot 8,55704$$
$$+1 \cdot 5,32148 \cdot 6 = +1 \cdot 31,92888$$
$$\eta_2 = 1 \cdot 23,37184.$$

$$1 \cdot 5,32148 \cdot 2 = 1 \cdot 10,64296$$
$$\eta_3 = 1 \cdot 10,64296.$$

Abb. 321: Auftragung der Biegungslinie.

Wagerechte Verschiebung des Angriffspunktes von $X_3' = -1$:

$$1 \cdot 5,32148 \cdot 2,4 = 1 \cdot 12,77155.$$
$$1 \cdot \frac{h^3}{24 \cdot \dfrac{J_1}{J_2}} = 1 \cdot 6,91200.$$

Gesamtverschiebung

$$\delta_3' = 1 \cdot 12,77155 + 1 \cdot 6,91200 = 1 \cdot 19,68355 = \sim 1 \cdot 19,68.$$

Es ist

$$X_3' = \frac{P}{4} \cdot \frac{\eta'}{\delta_3'} = \frac{P}{4} \cdot \frac{\eta'}{19,68}.$$

Teilbelastung II (Abb. 280).

Ermittlung der Einflußlinie für die Querkraft X_3'' in der Mitte des dritten Pfostens bei dem wandernden Lastenpaar $\frac{P}{2}$.

Abb. 322: Obere Hälfte des Trägers mit der Kraft $X_3'' = -1$ und den unbekannten Größen X_1'' und X_2''.

Abb. 323: Belastung des Systems durch $X_3'' = -1$,

Abb. 324:   ,,   ,,   ,,   ,, X_1'',

Abb. 325:   ,,   ,,   ,,   ,, X_2''.

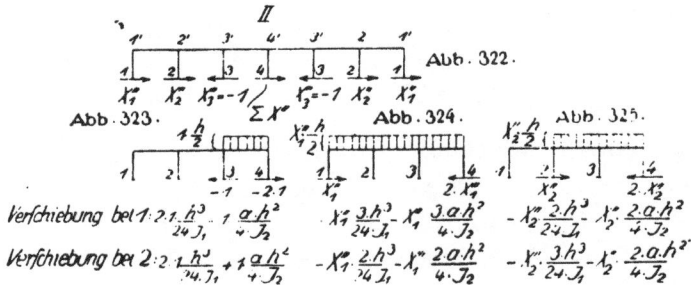

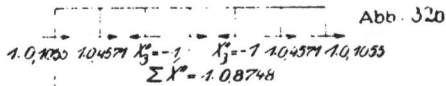

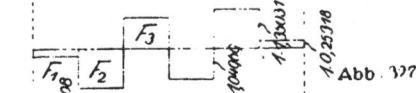

Unterhalb dieser Abbildungen Anschreibung der elastischen Verschiebungen. Es muß sein:

In Punkt 1:

$$2 \cdot 1 \cdot \frac{h^3}{24 \cdot J_1} + 1 \cdot \frac{a \cdot h^2}{4 \cdot J_2} - X_1'' \cdot \frac{3 \cdot h^3}{24 \cdot J_1} - X_1'' \cdot \frac{3 \cdot a \cdot h^2}{4 \cdot J_2} -$$

$$- X_2'' \cdot \frac{2 \cdot h^3}{24 \cdot J_1} - X_2'' \cdot \frac{2 \cdot a \cdot h^2}{4 \cdot J_2} = 0.$$

In Punkt 2:

$$2 \cdot 1 \cdot \frac{h^3}{24 \cdot J_1} + 1 \cdot \frac{a \cdot h^2}{4 \cdot J_2} - X_1'' \cdot \frac{2 \cdot h^3}{24 \cdot J_1} - X_1'' \cdot \frac{2 \cdot a \cdot h^2}{4 \cdot J_2} -$$
$$- X_2'' \cdot \frac{3 \cdot h^3}{24 \cdot J_1} - X_2'' \cdot \frac{2 \cdot a \cdot h^2}{4 \cdot J_2} = 0.$$

Oder

$$X_1'' \left(3 \cdot a + \frac{h}{2} \cdot \frac{J_2}{J_1} \right) + X_2'' \left(2 \cdot a + \frac{h}{3} \cdot \frac{J_2}{J_1} \right) = a + \frac{h}{3} \cdot \frac{J_2}{J_1}$$

$$X_1'' \left(2 \cdot a + \frac{h}{2} \cdot \frac{J_2}{J_1} \right) + X_2'' \left(2 \cdot a + \frac{h}{2} \cdot \frac{J_2}{J_1} \right) = a + \frac{h}{3} \cdot \frac{J_2}{J_1}.$$

Die Zahlen liefern

$$X_1'' \cdot 15{,}60 + X_2'' \cdot 10{,}40 = 6{,}40,$$
$$X_1'' \cdot 10{,}40 + X_2'' \cdot 11{,}60 = 6{,}40.$$

Hieraus

$$X_1'' = 1 \cdot 0{,}10549,$$
$$X_2'' = 1 \cdot 0{,}45714.$$

Ermittlung der Momente an dem Gurt:

Bei Knoten 1':

$$M = - 1 \cdot 0{,}10549 \cdot \frac{h}{2} = - 1 \cdot 0{,}25318.$$

Bei Knoten 2':

$$M = - 1 \cdot \frac{h}{2} (0{,}10549 + 0{,}45714) = - 1 \cdot 1{,}35031.$$

Bei Knoten 3':

$$M = 1 \cdot \frac{h}{2} (1 - 0{,}10549 - 0{,}45714) = 1 \cdot 1{,}04969.$$

Auftragung der Werte Abb. 327.

Die Flächen der Momente sind:

$$F_1 = 1 \cdot 0{,}25318 \cdot 4 = 1 \cdot 1{,}01272,$$
$$F_2 = 1 \cdot 1{,}35031 \cdot 4 = 1 \cdot 5{,}40124,$$
$$F_3 = 1 \cdot 1{,}04969 \cdot 4 = 1 \cdot 4{,}19876.$$

Die Knotenverschiebungen betragen:

Knoten 1':
$$\begin{aligned}
&- 1 \cdot 1{,}01272 \cdot 2 = - 1 \cdot 2{,}02544 \\
&- 1 \cdot 5{,}40124 \cdot 6 = - 1 \cdot 32{,}40744 \\
&+ 1 \cdot 4{,}19876 \cdot 10 = + 1 \cdot 41{,}98760 \\
\hline
\eta_1 = \;\; & \qquad\qquad\quad 1 \cdot 7{,}55472
\end{aligned}$$

Knoten 2': $\quad - 1 \cdot 5{,}40124 \cdot \ 2 = -1 \cdot 10{,}80248$
$\qquad\qquad + 1 \cdot 4{,}19876 \cdot \ 6 = +1 \cdot 25{,}19256$
$\qquad\qquad\qquad\qquad\qquad \eta_2 = \quad \overline{1 \cdot 14{,}39008}$

Knoten 3': $\qquad 1 \cdot 4{,}19876 \cdot \ 2 = \quad 1 \cdot 8{,}39752$
$\qquad\qquad\qquad\qquad\qquad \eta_3 = \quad 1 \cdot \ 8{,}39752.$

Abb. 328: Auftragung der Ordinaten.

Abb. 329: Auftragung der Biegungslinie auf einer wagerechten Basis.

Die Krümmung der Linie ist wider Erwarten entgegengesetzt verlaufend. Hieraus folgt, daß die Querkraft X_3'' umgekehrt gerichtet ist als angenommen.

Wagerechte Verschiebung des Angriffspunktes von $X_3'' = -1$:

$$1 \cdot 4{,}19876 \cdot 2{,}4 = 1 \cdot 10{,}07702.$$

$$1 \cdot \frac{h^3}{24 \cdot \dfrac{J_1}{J_2}} + 1 \cdot 0{,}87474 \cdot \frac{h^3}{24 \cdot \dfrac{2}{3}}$$

$$= 1 \cdot 6{,}91200 + 1 \cdot 6{,}04620 = 1 \cdot 12{,}95820.$$

Gesamtverschiebung

$$\delta_3'' = 1 \cdot 10{,}07702 + 12{,}95820 = 1 \cdot 23{,}03522 = \sim 1 \cdot 23\,04.$$

Es ist $\qquad X_3'' = \dfrac{P}{4} \cdot \dfrac{\eta''}{\delta_3''} = \dfrac{P}{4} \cdot \dfrac{\eta'}{23{,}04}.$

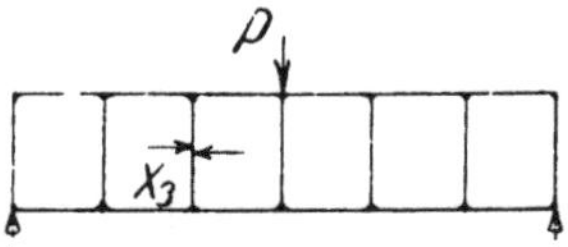

Abb. 330.

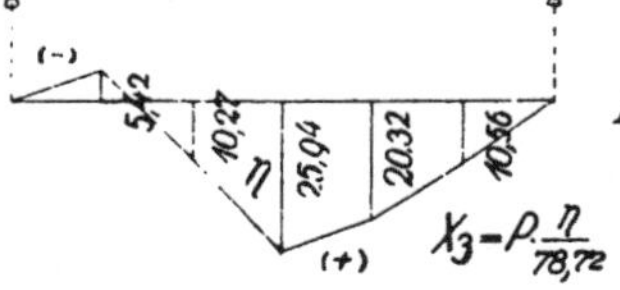

Abb. 331.

$X_3 = P \cdot \dfrac{\eta}{78{,}72}$

Gesuchte Einflußlinie für X_3 durch Zusammensetzung der Teilergebnisse:

$$X_3 = X_3' - X_3''$$

$$= \frac{P}{4} \cdot \frac{\eta'}{\delta_3'} + \frac{P}{4} \cdot \frac{\eta''}{\delta_3''}$$

$$= P \cdot \frac{1}{4 \cdot \delta_3'} \left(\eta' + \eta'' \cdot \frac{\delta_3'}{\delta_3''} \right).$$

Auftragung der Linie Abb. 331.

Für eine wandernde Last P auf dem Träger ist

$$X_3 = P \cdot \frac{\eta}{4 \cdot \delta_3'} = P \cdot \frac{\eta}{78,72} \cdot$$

Und

$$X_3 = \frac{1}{78,72} \{ P_1 \cdot \eta_1 + P_2 \cdot \eta_2 + \cdots \} \cdot$$

Einflußlinie für die Querkraft X_4 in der Mitte des vierten Pfostens.

Die Größe X_4 ist durch die bisherigen Ergebnisse bereits bekannt. Es ist zu beachten, daß bei den Teilbelastungen I eine Querkraft in der Mitte des mittleren Pfostens nicht zustande kommt, sondern nur bei den Teilbelastungsn II der Abb. 288, 305 und 322. Die Größe X_4 bildet einfach die Summe der bei diesen Teilbelastungen ermittelten statisch unbestimmten Größen X_1'', X_2'' und X_3''. Also

$$X_4 = \{ X_1'' + X_2'' - X_3'' \} 2$$

$$= 2 \cdot \frac{P}{4} \left\{ \frac{\eta_1''}{\delta_1''} + \frac{\eta_2''}{\delta_2''} - \frac{\eta_3''}{\delta_3''} \right\}$$

$$= P \cdot \frac{1}{2 \cdot \delta_1''} \left\{ \eta_1'' + \eta_2'' \cdot \frac{\delta_1''}{\delta_2''} - \eta_3'' \cdot \frac{\delta_1''}{\delta_3''} \right\}$$

$$= P \cdot \frac{1}{2 \cdot 35,53} \left\{ \eta_1'' + \eta_2'' \cdot \frac{35,53}{21,61} - \eta_3'' \cdot \frac{35,53}{23,04} \right\}$$

$$= P \cdot \frac{1}{71,06} \left\{ \eta_1'' + \eta_2'' \cdot 1,645 - \eta_3'' \cdot 1,545 \right\} \cdot$$

Auftragung der Einflußlinie Abb. 334.

Es ist

$$X_4 = P \cdot \frac{\eta}{71,06} \cdot$$

Bei mehreren Lasten

$$X_4 = \frac{1}{71,06} \{ P_1 \cdot \eta_1 + P_2 \cdot \eta_2 + \ldots \} \cdot$$

Einflußlinie für das Gurtmoment $M_{3'}$ unmittelbar links vom Knoten 3'.

Wir stellen die Last P in Knoten $3'$ und haben nach Abb. 335

$$M_{3'} = \frac{P}{2} \cdot \frac{x'}{l} \cdot x - X_1 \cdot \frac{h}{2} - X_2 \cdot \frac{h}{2}$$

$$= \frac{P}{2} \cdot \frac{x'}{l} \cdot x - \frac{P}{2} \cdot \frac{\eta_1}{2 \cdot \delta_1'} \cdot \frac{h}{2} - \frac{P}{2} \cdot \frac{\eta_2}{2 \cdot \delta_2'}$$

(Vgl. die Abb. 297 und 314.)

$$M_{3'} = \frac{P}{2} \left\{ \frac{x' \cdot x}{l} - \frac{h}{4} \left(\frac{\eta_1}{\delta_1'} + \frac{\eta_2}{\delta_2'} \right) \right\}$$

$$M_{3'} = P \cdot \frac{h}{8 \cdot \delta_1'} \left\{ \frac{x' \cdot x}{l} \cdot \frac{4 \cdot \delta_1'}{h} - \eta_1 - \eta_2 \cdot \frac{\delta_1'}{\delta_2'} \right\}.$$

Es war $\delta_1' = 35{,}51$ und $\delta_2' = 21{,}48$.

Das erste Glied der Klammer wird durch das Dreieck $1' - 3'' - 1'$

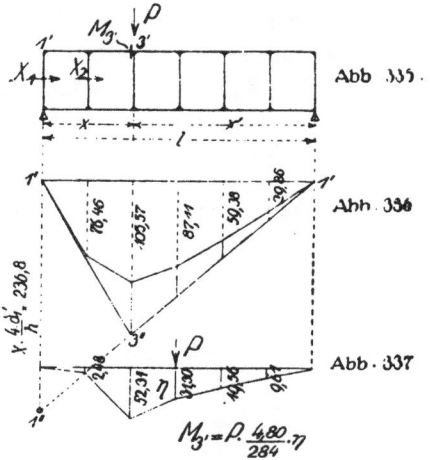

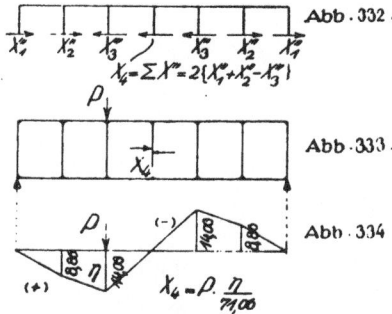

zur Darstellung gebracht. (Abb. 336.) Das zweite Glied stellt die Ordinaten der Abb. 297 dar. Das dritte Glied endlich sind die mit $\frac{\delta_1'}{\delta_2'}$ multiplizierten Ordinaten der Linie Abb. 314. Man erhält die in der Abb. 336 aufgerissene Einflußlinie. Die Ordinaten wurden in der Abb. 337 noch einmal auf eine wagerechte Basis übertragen.

Es ist

$$M_{3'} = P \cdot \frac{h}{8 \cdot \delta_1'} \cdot \eta = P \cdot \frac{4{,}80}{284} \cdot \eta.$$

Bei mehreren Lasten

$$M_{3'} = \frac{4{,}80}{284} \cdot \left\{ P_1 \cdot \eta_1 + P_2 \cdot \eta_2 + \cdots \right\} .$$

Beispiel 38. Ein beiderseitig an den Füßen eingespannter Stabbogen mit einem Gelenk in der Mitte nach Abbildung 338.

Gesucht sei die Einflußlinie des Momentes an dem Bogenquerschnitt m für eine auf der wagerechten Fahrbahn wandernde Last P.

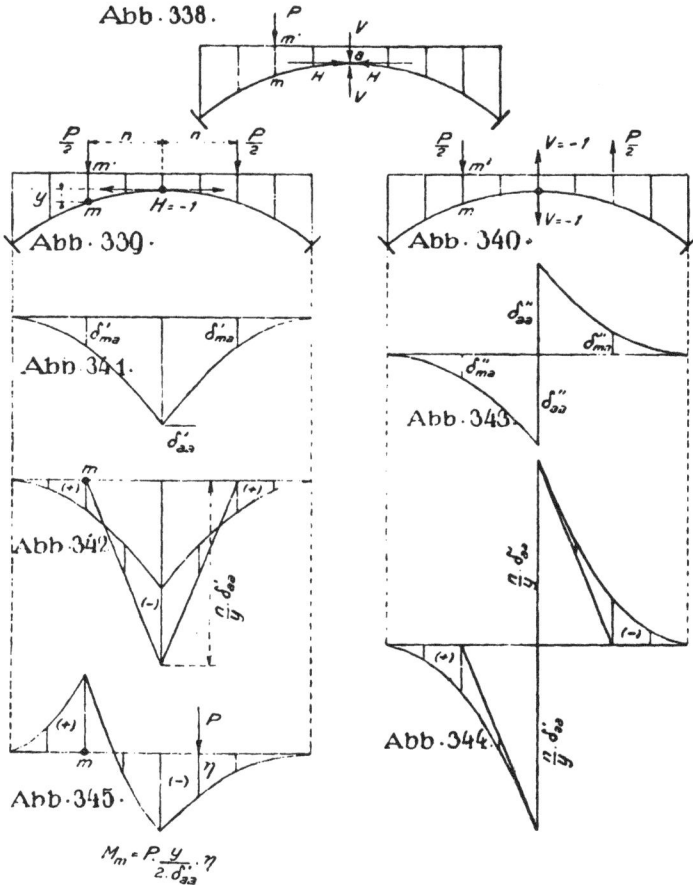

Abb. 338.

Abb. 339.

Abb. 340.

Abb. 341.

Abb. 343.

Abb. 342.

Abb. 344.

Abb. 345.

$$M_m = P \cdot \frac{y}{2 \cdot \delta_{aa}'} \cdot \eta$$

Die Aufgabe ist zweifach statisch unbestimmt. Als fragliche Größen kann man den wagerechten Schub H und die senkrechte Querkraft V in dem Bogengelenk einführen. Der geringe Einfluß der Formänderung aus den Normal- und Querkräften auf die statisch unbestimmten Größen wird wie immer vernachlässigt.

Wir ordnen die Belastung durch P wieder um in die beiden Teilbelastungen I und II. (Abb. 339 u. 340.) Bei der Teilbelastung I entsteht nur ein wagerechter Schub H im Scheitelgelenk, während bei der Teilbelastung II nur eine senkrechte Querkraft V zustande kommt.

Teilbelastung I.

Wir belasten den Bogen im Gelenk mit der Kraft $H = -1$, zeichnen die senkrechte Biegungslinie und ermitteln die zugehörende wagerechte Verschiebung δ_{aa}' des Punktes a. (Abb. 341.) Bezeichnen δ_{ma}' die Ordinaten der Biegungslinie, gemessen unter den Lasten $\frac{P}{2}$, dann beträgt

$$H = \frac{P}{2} \cdot \frac{\delta_{ma}'}{\delta_{aa}'}.$$

Das Moment an dem Querschnitt bei m, wenn man die Lasten nach der Bogenmitte rückt, ermittelt sich zu

$$M_m' = \frac{P}{2} \cdot n - H \cdot y,$$

oder

$$M_m' = \frac{P}{2} \cdot n - \frac{P}{2} \cdot \frac{\delta_{ma}'}{\delta_{aa}'} \cdot y$$

$$= \frac{P}{2} \cdot \frac{y}{\delta_{aa}'} \left\{ \frac{n}{y} \cdot \delta_{aa}' - \delta_{ma}' \right\}.$$

Der Ausdruck läßt sich, wie die Abbild. 342 zeigt, ohne weiteres zeichnerisch zur Darstellung bringen. Die schraffierte Fläche liefert die Einflußlinie des Momentes an der Stelle m für das wandernde Lastenpaar $\frac{P}{2}$.

Teilbelastung II.

Wir denken jetzt den Bogen mit der Kraft $V = -1$ im Scheitelgelenk belastet. Die entstehende senkrechte Biegungslinie ist die Einflußlinie für die Größe V bei dem wandernden Lastenpaar $\frac{P}{2}$. Es muß sein (Abb. 343)

$$V = \frac{P}{2} \cdot \frac{\delta_{ma}''}{\delta_{aa}''}.$$

Rückt man das Lastenpaar wieder nach der Bogenmitte, dann erhält man ein Moment für den Querschnitt bei m von

$$M_m'' = \frac{P}{2} \cdot n - V \cdot n$$

$$= \frac{P}{2} \cdot n - \frac{P}{2} \cdot \frac{\delta_{ma}''}{\delta_{aa}''} \cdot n.$$

Oder, da der Klammerfaktor derselbe sein muß wie bei der Gleichung bei Teilbelastung I

$$M_m'' = \frac{P}{2} \cdot \frac{y}{\delta_{aa}'} \left\{ \frac{n}{y} \cdot \delta_{aa}' - \delta_{ma}'' \cdot \frac{\delta_{aa}'}{\delta_{aa}''} \cdot \frac{n}{y} \right\}.$$

Der Ausdruck kann wie immer leicht zeichnerisch aufgetragen werden. (Abb. 344.)

Nach Zusammensetzung der Linien Abb. 342 und 344 erhält man die gesuchte Einflußlinie des Momentes im Bogenpunkt m für eine wandernde Last P. (Abb. 345.) Bezeichnet η die Ordinate der Linie, gemessen unter der Last, dann ist

$$M_m = P \cdot \frac{y}{2 \cdot \delta_{aa}'} \cdot \eta.$$

Mehrere Lasten liefern

$$M_m = \frac{y}{2 \cdot \delta_{aa}'} \left\{ P_1 \cdot \eta_1 + P_2 \cdot \eta_2 + \cdots \right\}.$$

Selbstverständlich kann das B-U Verfahren im Rahmen von Einflußlinien mit den gleichen Vorteilen auch bei Tragwerken aus Fachwerk angewendet werden.

Beispiel 39. Ein doppeltes, an den Füßen eingespanntes Portal nach Fig. 346.

Bei Beispiel 37 (Rahmenträger) wurde in Verbindung mit dem Verfahren der Belastungsumordnung ein weiteres Verfahren zwecks Vereinfachung der Aufgaben in Anwendung gebracht, welches darin bestand, daß man an Stelle einer statisch unbestimmten Größe die Last 1 einführte, für diese Belastung sodann die hierbei auftretenden übrigen statisch unbestimmten Größen berechnete und hiernach schließlich die Biegungslinie des Systems, also für den Belastungszustand 1, ermittelte, die dann die Einflußlinie für die fragliche Unbekannte darstellte. Dieses Verfahren brachte neben der Vereinfachung infolge des B-U Verfahrens eine Verminderung der Elastizitätsgleichungen um eine statisch unbestimmte Größe mit sich, so daß seine Anwendung in allen Fällen, insbesondere bei der Lösung der Aufgaben mit Hilfe von Einflußlinien, nicht versäumt werden sollte.

Bei dem vorliegenden Beispiel möge kurz die Berechnungsweise dargelegt werden. Die Aufgabe ist 6fach statisch unbestimmt. Es handelt sich um die Ermittlung der Einflußlinien für die statisch unbestimmten Größen bei einer wandernden Last P auf dem Balken. Eine Lösung der Aufgabe in der üblichen Weise — Aufstellung von 6 Elastizitätsgleichungen — erfordert ungeheuer viel Zeit und Mühe und kann praktisch kaum durchgeführt werden.

Wir bilden nun zunächst wieder die beiden Teilbelastungen I und II. (Fig. 347 u. 348.) Teilbelastung I 3fach statisch unbestimmt, ebenso Teilbelastung II. Es entstehen in beiden Fällen am äußeren Pfosten für die statisch unbestimmten Größen H_1, V_1 und M_1, bzw. H_2, V_2 und M_2. Die Lösung wäre nunmehr schon ohne besondere Schwierigkeit möglich. Immerhin hat man noch

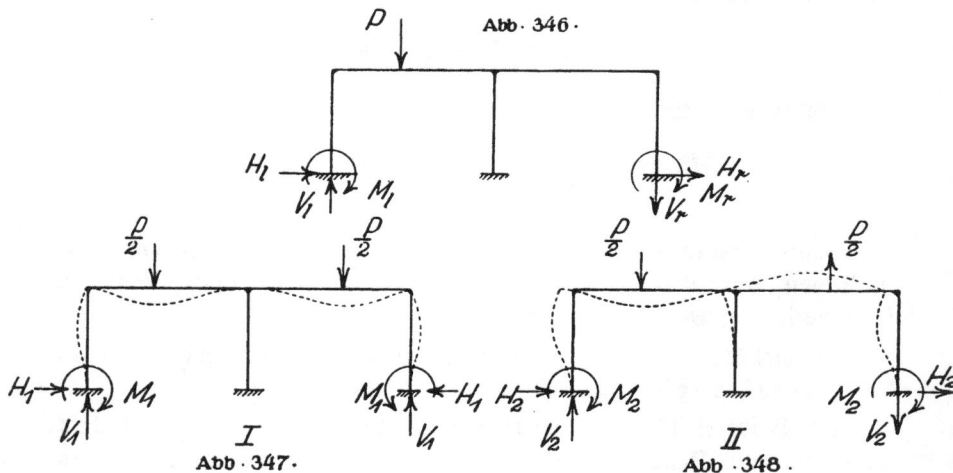

Abb. 346.

Abb. 347.

Abb. 348.

3 Elastizitätsgleichungen, deren Auswertung zu Einflußlinien einige Umständlichkeiten macht.

Wir suchen die Einflußlinie für den Schub H und belasten das System an Stelle von H mit der Kraft $H = -1$. Man hat dann nur noch eine 2fach statisch unbestimmte Aufgabe, indem die unbekannten Größen V und M in Wirksamkeit treten. Die Berechnung dieser Größen mit Hilfe von zwei Elastizitätsbeziehungen ist leicht durchführbar. Ist das geschehen, so steht nichts mehr im Wege, die Biegungslinie des Balkens aufzuzeichnen, zugleich auch die Verschiebung des Fußpunktes in Richtung von H zu bestimmen. Bezeichnet man diese mit δ_{aa} und bedeutet δ_{ma} die Ordinate der Biegungslinie unter der Last $\frac{P}{2}$, dann ist wie immer

$$H = \frac{P}{2} \cdot \frac{\delta_{ma}}{\delta_{aa}}.$$

Ebenso verfährt man bei Aufsuchung der Einflußlinie für die statisch unbestimmte Größe V. Belastung des Tragwerkes durch $V = -1$. Berechnung der hierbei auftretenden Unbekannten H und M. Hiernach Aufzeichnung der Biegungslinie des Balkens, also für den Zustand $V = 1$. Es ist dann wieder

$$V = \frac{P}{2} \cdot \frac{\delta_{mb}}{\delta_{bb}}.$$

Schließlich kommt auch M an die Reihe, und man hat dann

$$M \quad \frac{P}{2} \cdot \frac{\delta_{mc}}{\vartheta_{cc}},$$

wo ϑ_{cc} die Verdrehung des Fußpunktes bei dem Belastungszustand $M - 1$ bedeutet.

Wegen der Symmetrie der Belastung erstrecken sich die Ermittlungen bei beiden Teilbelastungen jedesmal nur über eine Rahmenhälfte.

Nach Lösung der Einflußlinien für jede Teilbelastung werden die Ordinaten einfach sinngemäß zusammengesetzt, und man erhält dann die letzten Endes gesuchten Einflußlinien für sämtliche 6 statisch unbestimmten Größen H_e, H_r, V_e, V_r, bzw. M_c und M_r bei einer wandernden Last P auf dem Balken.

Die Statik des Kranbaues

Mit Berücksichtigung der verwandten Gebiete
Eisenhoch-Förder- und Brückenbau

von

W. Ludwig Andrée

Zweite Auflage

X und 370 Seiten 8⁰. Mit 554 Abbildungen und 1 Tafel

Preis: gebunden M. 14.—; dazu kommen 20 % Verlags- und
10 % Sortiments-Teuerungszuschlag

Inhaltsübersicht: Laufkrane — Kranlaufbahnen — Verladebrücken und Auslegerkrane — Turm-
und Drehkrane — Portal- und Heligengerüste — Schwebefähren und Kabelbahnen —
Schwimm- und Werftkrane, Schwimmkranpontons   Greifer und Tragorgane — Fördergerüste und Schrägbrücken — Drehbrücken, Klappbrücken und kleinere praktische Aufgaben — Anhang: Begründung und Entwicklung der wichtigsten Verfahren der Statik
unbestimmter Systeme.

Die Statik des Eisenbaues

von

W. Ludwig Andrée

XI und 521 Seiten gr. 8⁰. Mit 810 Abbildungen und 1 Tafel

Preis: gebunden M. 20.— und 10 % Sortiments-Teuerungszuschlag

Inhaltsübersicht: Druckstäbe und Säulen — Gebäude, Werkstätten und Hallen — Kranlaufbahnen — Luftschiffhallen — Hellinggerüste — Fördergerüste — Kühltürme — Brücken —
Praktische Aufgaben.

Die Statik der Schwerlastkrane

von

W. Ludwig Andrée

V und 166 Seiten gr. 8⁰. Mit 305 Abbildungen im Text

Preis: geheftet M. 10.—, gebunden M. 12.—; zu diesen Preisen kommen
noch 10 % Sortiments-Teuerungszuschlag

In dem Buche „Die Statik des Kranbaues" konnten die Schwerlastkrane, da sie ein besonderes recht umfangreiches Gebiet darstellen, nur kurz gestreift werden, und es schien
geboten, den Gegenstand in einer besonderen Schrift den Fachgenossen vor Augen zu
führen. Das Buch enthält die Berechnung aller Typen und Größen von Werft-, Riesen-
und Schwimmkranen und zeigt auch die Berechnung von Schwimmkranpontons, die in sehr
einfacher Weise mit Hilfe des B-U Verfahrens durchgeführt ist.